现代化矿井工种岗位安全培训系列教材

采煤机司机

主编 巴 尧

中国矿业大学出版社
·徐州·

图书在版编目(CIP)数据

采煤机司机 / 巴尧主编. —徐州 ：中国矿业大学出版社，2018.11

ISBN 978 - 7 - 5646 - 4187 - 0

Ⅰ. ①采… Ⅱ. ①巴… Ⅲ. ①采煤机—驾驶员—技术培训—教材 Ⅳ. ①TD421.6

中国版本图书馆 CIP 数据核字(2018)第 236529 号

书　　名 采煤机司机
主　　编 巴　尧
责任编辑 章　毅　郭　玉
出版发行 中国矿业大学出版社有限责任公司
（江苏省徐州市解放南路　邮编 221008）
营销热线 (0516)83884103　83885105
出版服务 (0516)83995789　83884920
网　　址 http://www.cumtp.com　**E-mail**:cumtpvip@cumtp.com
印　　刷 江苏淮阴新华印务有限公司
开　　本 850×1168　1/32　**印张** 6.375　**字数** 171 千字
版次印次 2018 年 11 月第 1 版　2018 年 11 月第 1 次印刷
定　　价 35.00 元

现代化矿井工种岗位安全培训系列教材
编审委员会

主　编：靖大同

副主编：程衍海　巴　尧

参　编：张　军　王金燕　曹丽娟　王小超
　　　　杨古荣　陈义堂　周桂荣　佀同磊

主　审：孙　凯

副主审：李铁华

审　稿：马小钧　翁明月　陆殿清　何　军
　　　　周　剑　刘计寒　柯象新　苏兰平

《采煤机司机》
编写委员会

主　编： 巴　尧

副主编： 王金燕

参　编： 王小超　杨古荣　陈义堂
张　军　曹丽娟

前　言

煤矿作为高危行业之一，安全生产始终是生产领域中的头等大事。虽然，近年来煤矿事故起数和死亡人数有了明显的下降，安全生产状况总体趋于好转，但是，煤矿安全生产形势依然严峻复杂，尤其是重特大事故仍时有发生且危害严重。

中天合创能源有限责任公司为了提高职工的整体安全素质，增强安全生产的意识，使职工真正做到遵章守纪、安全作业，切实减少和杜绝事故的发生，特地委托中煤职业技术学院按照原国家安全监督管理总局、国家煤矿安全监察局“加强安全培训大纲和教材的建设，根据不同类别、不同层次、不同岗位人员需求，组织编写安全培训教材”的要求，为提高采煤机操作作业人员的培训质量，针对采煤机操作作业人员的特点，结合当前培训工作的实际，组织编写了《采煤机司机》。

本教材以国家最新颁布的煤矿安全生产相关的法律法规、操作标准为依据，紧密结合中天合创煤矿的实际情况，紧扣该煤矿对采煤机司机的要求进行编写。内容包括：艾柯夫采煤机设备介绍、采煤机司机的岗位职责、安全操作规程、操作流程、常见故障及处理方法和维护保养基本知识等。本教材的特点是突出实际操作技能，力求使采煤机司机“看得懂、记得住、用得上”，具有较强的针对性和实用性。

由于水平所限，书中难免有疏漏之处，恳请广大读者提出宝贵意见和建议。

本书编委会

2018年10月

目　录

第一章　采煤机司机岗位的有关标准 …………………………… 1
第一节　采煤机司机岗位职责 ……………………………… 1
第二节　采煤机司机岗位红线 ……………………………… 2
第三节　采煤机司机岗位操作标准 ………………………… 3
第四节　采煤机司机作业环境 ……………………………… 11
第五节　采煤机司机岗位危险源的辨识 …………………… 12

第二章　机械及液压基础知识 ………………………………… 14
第一节　机械传动基础知识 ………………………………… 14
第二节　液压传动基础知识 ………………………………… 32

第三章　长壁采煤法采煤工艺 ………………………………… 35
第一节　采煤方法概述 ……………………………………… 35
第二节　综合机械化采煤工艺 ……………………………… 37
第三节　综合机械化放顶煤采煤工艺 ……………………… 47
第四节　特殊地质条件下的采煤工艺 ……………………… 55

第四章　SL 300 型采煤机 ……………………………………… 59
第一节　SL 300 型采煤机的结构 …………………………… 62
第二节　液压系统的工作原理 ……………………………… 85

第五章　SL 750 型采煤机 ………………………………… 92
第一节　SL 750 型采煤机的结构 ………………………… 93
第二节　液压系统的工作原理………………………………… 106

第六章　SL 900 型采煤机 ………………………………… 113
第一节　SL 900 型采煤机的结构 ………………………… 115
第二节　液压系统的工作原理………………………………… 138

第七章　采煤机的操作与维护………………………………… 147
第一节　采煤机的安全操作与维护………………………… 147
第二节　采煤机的安装与调试………………………………… 173
第三节　采煤机常见故障的分析与处理…………………… 179
第四节　采煤机的典型事故案例分析……………………… 184
第五节　采煤机司机实操考核标准………………………… 188

参考文献……………………………………………………… 194

第一章　采煤机司机岗位的有关标准

第一节　采煤机司机岗位职责

一、岗位描述

负责工作面采煤机割煤工作，维护好采煤机，割煤时控制好层位回采。

二、岗位职责

(1) 必须遵守有关矿山安全的法律、法规和企业规章制度，维护矿山企业的生产设备、设施，及时汇报、处理设备存在的问题和安全隐患。

(2) 必须依法接受专门培训，经考核合格取得操作资格证书，方可上岗作业。

(3) 在工作中要拒绝违章作业的指令，对他人违章作业行为加以劝阻和制止。

(4) 负责采煤工作面采煤机操作割煤工作，与支架工、运输机司机、出口工等配合，完成本岗位生产任务。

(5) 严格执行“三大规程”，熟悉采煤机的性能、构造原理及采煤机的相关管理规定和回采基本知识，通晓本工种操作规程，能够按完好标准维护和保养采煤机，能处理采煤机一般性故障，确保设备完好并正常运转。

(6) 坚持持证上岗、按章作业,搞好互保联保和自主安保,严禁违章、冒险作业。

(7) 作业前必须先检查采煤机各部位情况,保证采煤机截齿齐全锐利,电缆、水管、喷雾良好,滚筒部位无人员作业,确认无误后方可开机。严禁无水割煤。

(8) 集中精力进行操作。采煤机运行时,司机不得离岗处理其他事情。有故障必须停机处理,非采煤机司机不得擅自开机。与工作面输送机司机、支架工等密切配合,加强工作面工程质量管理,保证工作面正规循环作业。

(9) 注意观察工作面运输机运行状况,发现异常及时将运输机停电闭锁,并协助处理。

(10) 割煤时控制好采煤机牵引速度,采高符合相关规程要求,不留顶煤、“伞檐”,工作面做到“三直两平”。

(11) 停机后隔离开关打到零位,拉下离合手把,关闭内外喷雾,将采煤机处的顶板、煤壁及时维护好。

(12) 要具备煤矿灾害防治及自救、互救与现场急救的知识。发生事故时要立即采取安全急救措施,积极进行自救与互救,防止事态扩大,保护好现场,同时立即向上级汇报。

(13) 严格执行现场交接班制度,除认真填写运转日志和事故记录外,要将本班机组设备运行情况详细告知接班司机。

第二节 采煤机司机岗位红线

一、通用工种岗位安全红线

(1) 严禁空顶空帮作业。

(2) 严禁爬、蹬、跳运行中的车辆或输送机。

(3) 严禁特殊工种作业无证上岗。

(4) 严禁班中喝酒或酒后上岗。

(5) 严禁固定岗位脱岗、串岗。

(6) 严禁现场无安全负责人作业。

(7) 严禁无措施施工或不经过审批,擅自简化或改变操作程序。

(8) 严禁安排未通过相关规程、措施学习考试的职工上岗作业。

(9) 严禁在中夜班安排有危险性的零碎工作。

(10) 严禁安全设施不齐全、安全隐患不整改就冒险作业。

(11) 严禁行车时行人。

(12) 严禁在运行的钢丝绳波及范围内有人。

(13) 严禁不按规定发送信号或不按规定信号操作设备。

(14) 严禁破坏、偷盗安全生产系统、设施、设备。

(15) 严禁起吊作业时危险区域有人(站位不当)。

(16) 严禁登高作业不系安全带。

(17) 严禁井下两道风门同时打开。

(18) 严禁发生人身事故或非伤亡事故不及时汇报。

(19) 严禁对安监人员、违章行为举报人及制止违章的人员进行打击报复。

(20) 严禁人员进入通风不良区域(有警戒标识的)。

二、采煤机司机岗位安全红线

(1) 严禁不发信号开机。

(2) 严禁采煤机滚筒上下 3 m 以内有人时开机。

(3) 严禁超过规定滞后距离时继续割煤。

(4) 严禁采煤机到机头机尾时割坏设备或电缆。

第三节　采煤机司机岗位操作标准

一、接班工作

(一) 工具、备件交接

准时进入工作面,对沿途有关设备、支护情况进行检查,在机组位置交接班。点清工具、备品配件进行交接。

（二）询问上一班工作情况

询问交班司机上一班设备运行情况、割煤情况、工作面的地质变化情况和出现问题的处理情况。

（三）现场交接检查

(1) 检查工作面采高、煤壁及顶底板状况。

(2) 检查齿轨（销排或销轨）连接、电缆及水管的完好情况。

(3) 检查采煤机滚筒的截齿、齿座损坏情况。

(4) 检查机道、刮板输送机及采煤机前后的物料障碍情况。

(5) 检查刮板输送机的连接、挡煤板的固定连接是否完好。

(6) 随行检查电缆槽上有无大块煤矸，电缆夹有无脱销或断开现象。

(7) 检查电缆水管悬挂位置有无破口滴漏现象，拖缆装置固定是否牢靠。

(8) 检查刮板输送机平直程度及跑道情况。

(9) 检查手把、按钮、旋钮是否灵活。

(10) 检查采煤机各连接部分是否松动、声音是否异常。

（四）现场问题反馈

根据采煤机的运行情况，对存在问题通过验收员或班组长协同处理。对于遗留问题，落实责任向上级汇报。

二、正常作业前准备

接班后，正司机站在电控箱前，副司机站在截割部前，进入工作岗位。

（一）静态检查

(1) 检查采煤机手把、按钮、旋钮。人员站在挡煤板与支架前立柱之间，身体距机身 500 mm 左右，逐个检查手把、按钮、旋钮。

安全要点：检查期间要闭锁刮板输送机。

(2) 检查喷雾、冷却装置及水压和流量。人员站在采空区侧，打开截止阀，观察前后滚筒喷雾的压力、流量，发现喷嘴有堵塞现象应及时处理，不接通水源不准开机。

安全要点：检查期间要护帮护顶，闭锁刮板输送机，断开隔离开关和电动机离合器并施行闭锁，人员不准随意进入煤壁，小心支架顶梁碰头和其他物体伤害。

(3) 人员站在电缆槽附近，俯身依次检查冷却水的流量、压力，若正常，关闭截止阀。

安全要点：敲帮问顶，并设专人监护。

(4) 检查各部位油量、油温及有无漏油现象。电气隔离开关打到零位，断开截割部离合器，分别查看牵引部及两个摇臂的油位，从油标上进行观察。

安全要点：注意观察煤壁，以防片帮伤人。

(5) 检查调高泵及齿轮油位时，人员站在电缆槽附近，把油口周围浮煤清理干净，打开油盖，观察油位，发现不够时应及时加足，过滤器要按规定更换。

安全要点：敲帮问顶，专人监护。

(6) 检查各部位连接件及各部位连接螺栓有无变形、松脱现象，如有必须及时更换、紧固。

安全要点：敲帮问顶，闭锁刮板输送机，断开采煤机隔离开关。

(7) 紧螺丝时用力要稳，先轻后重，不要用力过猛，最好使用力矩扳手。

安全要点：扳手要卡合紧固，防止滑脱伤人。

(8) 检查截齿。远距离观察滚筒截齿是否齐全，有无缺齿和断齿现象，丢失、损坏时应及时补齐、更换。

安全要点：检查和更换截齿时，滚筒前后 5 m 之内不准操作支架。

(二) 动态检查及试运转

(1) 将左右截割部离合器手把打到零位，闭锁刮板输送机。

（2）将电控箱隔离开关打到“接通”位。

（3）将采煤机和输送机的“急停闭锁”开关打到“接通”位。

（4）将采煤机和输送机的旋转控制开关打到“接通”位。

（5）将牵引速度设置于零位。

（6）正司机用手指点动启动按钮2次，若报警信号正常，则按紧按钮，启动电动机。若按下启动按钮1～2 s无信号，应立即松开，叫电工检查。

（7）正司机接近电动机仔细倾听其运转声音是否正常、平稳，电动机冷却水流量是否正常，若正常，则按停止按钮，使电动机断电。

（8）在电动机停转的瞬间缓慢合上前后截割部离合器。动作要稳，以防打坏轮齿。

（9）解除工作面刮板输送机的闭锁后，再向输送机司机发出开机信号，并向周围作业人员喊话，10 s后，按启动按钮，使电动机启动，观察滚筒转动是否正常。启动采煤机前，必须先检查瓦斯浓度，巡视采煤机四周，确认无危险后，方可接通电源。

（10）试验左右调高手把或按钮，观察是否方向正确、动作可靠，调高后，摇臂有无自落现象。设置牵引方向和牵引速度，观察机身是否随设置而相应地向正反方向牵引并观察牵引速度。观察机道是否有障碍物，如有应及时处理。试验“闭锁按钮”是否能闭锁采煤机和输送机，试验闭锁是否动作灵活可靠。操作“急停按钮”，检查“急停按钮”是否动作灵活可靠。急停按钮及闭锁按钮不灵敏、不可靠，不准开机作业。

三、开机

（一）启动

（1）开机报警器报警或发出信号，过3 s后打开供水管路截止阀，喷雾、冷却正常后，发出开机信号。割煤时必须保证喷雾降尘，否则不准开机割煤。内喷雾压力不得小于2 MPa，外喷雾压力不得小于1.5 MPa，如果内喷雾装置不能正常喷雾，外喷雾压力不得小于 4 MPa。

(2) 合上电器隔离开关，按启动按钮。采煤机启动后，按动机头机尾调高按钮，把两滚筒升平，然后按截割电动机停止按钮，在截割电动机停转前的瞬间分别合上前后滚筒离合器，然后再启动截割电动机。

(3) 升前滚筒，使之达到规定采高，落下后滚筒，使之落到底板，防止滚筒甩起煤矸伤人。

(4) 设置调速换向按钮(旋钮)。根据实际牵引方向把按钮(旋钮)设置到合适位置。

(二) 司机操作规范

1. 主司机操作规范

(1) 主司机站在机组牵引部处，使用电牵引采煤机时，站在控制端位置，身体距机身 500 mm 左右，随机组运动而前移。牵引速度要由慢到快，保证机组运行平稳。

安全要点：发生冒顶、片帮时，必须停止采煤。

(2) 观察刮板输送机运转情况，注意电缆拖移装置是否正常，倾听机组各部的运转声音有无异常，手感各运转部位有无超温现象。

(3) 坚守岗位，追机作业，随时注意停机信号。

安全要点：防止大块矸石、煤块、木料拉入采煤机下面。

(4) 根据煤层顶板情况及设备运转能力，随时调整机组割煤速度；严格控制采高，严禁采高大于支架的最大支护高度。

(5) 机组运行中，滞后前滚筒一组支架，要及时打出防片帮板。

2. 前滚筒司机的操作

(1) 前滚筒司机要站在截割部附近进行操作，调整好滚筒的高度后，要在支架前后立柱之间行走。

安全要点：随时注意滚筒的工作状况，并严防滚筒甩出大块煤矸伤人。

(2) 机组运行中,及时把前滚筒前一组支架前梁和护帮板收回。

(3) 随时注意前滚筒运转情况,根据实际及时调整前滚筒的高度,不超高、不超低,保证顶板平直。

(4) 发现电缆槽中有大块煤矸时,要及时清理。

3. 后滚筒司机的操作

(1) 后滚筒司机行走位置同前滚筒司机。

(2) 根据底板情况,随时调整后滚筒的高度,保证割出的底板平直。

(3) 随时注意电缆、刮板输送机的运行状态,发现挤卡、堵拥煤或出现特殊紧急情况,应立即向主司机发出紧急停机信号,及时闭锁刮板输送机或停机,防止事故发生及扩大。

四、停机工作

(一) 正常停机注意事项

(1) 将牵引速度减慢并置于零位。

(2) 将截割滚筒降至底板上,待滚筒内浮煤排净时,按下停机按钮。

安全要点:采煤机停止工作后,必须切断电源,并打开其磁力起动器的隔离开关。

(3) 关闭冷却喷雾截止阀。

(4) 若需长时间停机,打开左右截割部及破碎机离合器,将隔离开关置于零位,并按下终端(或遥控)电源。

(二) 紧急停机注意事项

采煤机在运行中遇到下列情况之一时,可直接按动采煤机紧急停止按钮(或拉动安全开关小链),实现紧急停机:

(1) 采煤机负荷过大,电动机发生堵转(闷车)现象时。

(2) 顶底板、煤壁有透水预兆,附近片帮严重或冒顶时。

(3) 采煤机内部发出异常响声时。

(4) 电缆拖移装置被卡住、拉断或甩出电缆槽时。

(5) 出现危及人身安全或其他重大事故时。

(6) 瓦斯超限、瓦斯监视装置连续闪光并发生瓦斯报警时。

(7) 牵引控制按钮或“停止”操作按钮失灵时。

(8) 供水装置无水或喷雾有故障时。

(9) 采煤机上方刮板输送机上发现大块煤、矸、杂物或其他材料卡阻时。

(10) 工作面刮板输送机停止运转或出现故障，影响采煤机通过时。

五、特殊问题的处理

(一) 顶板破碎割煤时

(1) 顶板破碎时，应降低牵引速度，落前滚筒割底煤，升后滚筒至合适高度割顶煤。注意顶板冒落矸石及煤壁片帮伤人。

(2) 追机及时移架支护顶板，再按正常程序割煤。

(二) 煤层出现岩石影响割煤时

采煤机不得强行作业，应采取爆破松动措施后，缓慢通过。综采面爆破作业必须制定相关安全措施，并经矿分管副总工程师批准，否则不准作业。爆破时机组离爆破位置不得少于 30 m，人员撤到警戒线以外的安全地点。

(三) 顶板出现网包时的割煤

(1) 网包比较完整，可事先通知支架工和班组长协助配合停机处理。可用道板放在网包下，道板垂直煤壁放置，再用单体柱顶住道板慢慢升起，然后在道板下支架顶梁上，穿上平行大板，升起支架，把网包托起。回掉单体柱，机组可慢慢通过。

安全要点：注意防止倒柱、帮顶冒落伤人。

(2) 网包小且不完整时，用以上方法把顶板维护好后，再用断线钳把裸露下来的网剪掉，机组方可通过。

(3) 处理网包时,要停止采煤机,闭锁刮板输送机且有专人看管开关;班组长现场指挥;没有开机信号,不得擅自开机。

(四) 刮板输送机不平割煤时

如遇刮板输送机不平区段,应超前进行处理后再作业。或者事先通知推移输送机工,利用支架推移装置,把刮板输送机移直;或通知刮板输送机司机和班组长停机吊输送机,处理凸凹处,及时掌握滚筒的卧底量,保证工作面煤壁输送机的平直度。

(五) 机组前方出现大块矸石时

机组前方出现大块矸石时,停机闭锁刮板输送机,人工把矸石破碎,然后解除刮板输送机闭锁,重新启动采煤机。

(六) 采煤机电动机牵引超负荷时

电动机牵引超负荷时,应立即降低牵引速度。

(七) 端头割煤时

(1) 机组距端头(尾)5 m 时,降低牵引速度,一名司机操作调速手把,另一名司机操作前滚筒调高手把,然后,正司机站在端头架间观察指挥。

安全要点:除司机外其他作业人员都要躲到安全地点,滚筒不得割工字钢或单体支柱等,以防造成危险。

(2) 斜切进刀。割通机头(尾)后,司机恢复到原操作位置,落下前滚筒,升起后滚筒,反向牵引沿弯曲线斜切进刀,运行到机组完全进入直线段为止。

(3) 割三角煤。弯曲段刮板输送机推直后,机组调高前滚筒,落平后滚筒,正向牵引割三角煤,当割通煤壁,半个滚筒伸入巷道时为止。

(八) 机组在上分层工作面铺顶网割煤时

机组在上分层工作面铺设顶网时,机组在行走过程中,根据煤壁和顶板状况及时通知联网工在机组行走前方 3～5 架提前收回护帮板(伸缩梁),同时将网牢固地吊在支架顶梁上,端头处由端头维护工吊网,保证机组正常通过,防止撕网。随后,移架工移架后放下网,升起防片帮板(伸缩梁)。

(九) 采下层工作面(或顶层过地质构造带)顶板破碎割煤时

采下层工作面(或顶层过地质构造带)顶板破碎割煤时,采煤机司机要与支架工默契配合,掌握好机组的行走速度,及时收防片帮板和超前移架支护,防止漏顶事故发生。

六、更换截齿注意事项

(1) 把牵引控制按钮(旋钮)设置到零位,断开截割部离合器,启动泵电动机,操作调高手把使滚筒升到无负荷位置为止。

安全要点:敲帮问顶,专人监护,支架前梁和护帮板打到位。

(2) 切断电源,断开隔离开关,闭锁刮板输送机。司机到滚筒前方煤壁处,用手转动滚筒,边转边观察。

(3) 更换截齿时,把齿座转至与人员齐胸,取出坏截齿,然后按正确方向把新截齿安到齿座上,固定牢固。

七、交班工作

(1) 落平滚筒,打出停机位置防片帮板,维护好顶板、煤壁,断开截割部离合器和电气隔离开关。

(2) 将采煤机身上的杂物清扫干净,整理好电缆、水管。

(3) 向接班人汇报本班工作情况。

(4) 协助接班人现场检查。

(5) 问题处理。

第四节　采煤机司机作业环境

(1) 工作面端头支护安全可靠。

(2) 工作面煤壁平直,无伞檐、片帮。

(3) 工作面煤层情况良好。

(4) 工作面刮板输送机平直。

(5) 工作面断层处顶、底板状况良好。

(6) 工作面无淋水、透水现象。

(7) 工作面液压支架支护状况以及护帮状况良好。

(8) 工作面刮板输送机销排(齿轨)连接固定牢固,无损坏。

(9) 工作面刮板输送机挡煤板连接固定牢固,无严重变形。

(10) 采煤机机道无杂物、障碍物。

(11) 采煤机附近无其他人员。

(12) 采煤机附近风流中的瓦斯浓度符合规定。

第五节 采煤机司机岗位危险源的辨识

(1) 现象:截割滚筒误打液压支架前梁和刮板输送机铲煤板。

可能导致的事故:截割电动机扭矩轴断,摇臂减速箱中轴承等设备损坏,瓦斯煤尘爆炸等。

(2) 现象:操作人员站位不当。

可能导致的事故:滚筒甩煤或矸石伤人等。

(3) 现象:梁端距超过规定。

可能导致的事故:煤壁片帮、冒顶等。

(4) 现象:水压、流量不符合规定,综合防尘不到位。

可能导致的事故:设备损坏、职业病等。

(5) 现象:油管、水管爆裂。

可能导致的事故:射伤人员等。

(6) 现象:电缆拉伤、破损。

可能导致的事故:设备损坏、人员触电等。

(7) 现象:销排(齿轨)固定不牢或损坏,引起采煤机落道。

可能导致的事故:设备损坏、挤伤人员等。

(8) 现象:采煤机滚筒误割两端头金属网。

可能导致的事故:设备损坏、碰伤人员等。

针对以上危险源现有的控制措施有:采煤机司机操作规程、顶板管理制度、一通三防管理制度、机电设备管理制度。

第二章 机械及液压基础知识

第一节 机械传动基础知识

一、齿轮传动

齿轮传动是许多机械设备中最常见的一种传动方式。它是由两个相啮合的齿轮组成的基本机构。图 2-1 所示为外啮合齿轮。

图 2-1 外啮合齿轮

（一）齿轮传动的功能

将主动轴的运动和动力，通过齿轮机构传递给从动轴，使从动轴获得要求的转向、转速和转矩。

（二）齿轮传动的特点

齿轮传动所传递的功率可以从几瓦到几万千瓦；直径从不到 1 mm 的仪表齿轮到 10 m 以上的重型齿轮；圆周运动速度从很低到 100 m/s 以上。大部分齿轮用来传递旋转运动（如采煤机截割滚筒的传动齿轮)，也可以把旋转运动转变为直线往复运动(如采煤机的无链牵引方式中的齿轮齿轨式传动)。齿轮传动具有以下特点：

(1) 能保证瞬时传动比恒定，平稳性较高。

(2) 传递动力准确可靠。

(3) 传递的功率和速度范围较大。

(4) 结构紧凑、工作可靠，可实现较大的传动比。

(5) 传动效率高，使用寿命长。

(6) 齿轮的制造、安装要求较高。

(三) 对齿轮传动的要求

用来传递运动和动力的齿轮，其啮合传动是个较为复杂的运动过程。单从传递运动和动力两个方面来考虑，齿轮传动应满足以下两个基本要求：

(1) 传动要平稳。要求齿轮在传动过程中，任何瞬间的传动比保持恒定不变，这样可以保持传动的平稳性，避免或减少传动中的噪声、冲击和振动。

(2) 承载能力强。要求齿轮的尺寸小、质量轻，而承受载荷的能力大，也就是要求强度高、耐磨性好、寿命长。

所以，一对相啮合的齿轮，它们的压力角相等、模数相等是保证正确啮合的条件。

(四) 传动比

一对齿轮传动比就是主动齿轮与从动齿轮的转速(角速度)之比。

一对齿轮的传动比不宜过大，否则会使齿轮传动结构尺寸过大，同时不利于制造和安装。通常一对圆柱齿轮的传动比 $i=5\sim8$，一对圆锥齿轮的传动比 $i=3\sim5$。

二、连接

所谓连接就是将 2 个或 2 个以上的零件连成一体的结构。由于制造、安装、运输、检修的需要，在工业生产的机械设备上广泛采用各种连接，将生产的零、部件组合成一体。连接按是否可拆分为：不可拆连接（如焊接、铆接、黏结或过盈连接等）；可拆连接（如键连接、销连接或螺纹连接等）。

（一）键连接

键连接主要用于连接轴和轴上的零件（如带轮或齿轮等），实现周向固定而传递扭矩。因为键连接结构简单，工作可靠，装拆方便，并且键又是标准零件，所以在工业生产中得到广泛应用。

键连接按装配时的松紧程度可分为紧键连接和松键连接两大类。

1. 紧键连接

紧键连接有楔键连接和切向键连接。

（1）楔键连接能在轴上轴向固定零件，可以承受不大的单方向的轴向力。键的上、下两面是工作面，上表面制成 1∶100 的斜度。装配时，将键打入轴与轴上零件之间的键槽内连接成一体，从而传递扭矩。由于键与键槽的两个侧面不相接触，所以楔键连接的对中性差，尤其在冲击或变载荷下容易松脱。一般情况下，楔键连接多用于低速及对中性要求不高的场合。图 2-2 所示为楔键连接，图 2-3 所示为楔键连接装配图。

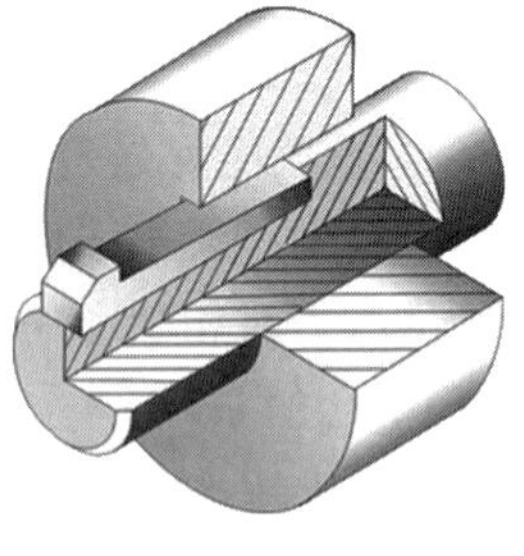

图 2-2　楔键连接

（2）切向键连接是由一对具有1∶100 单面斜度的键沿斜面拼合而成，其上、下两工作面互相平行。装配时，一对键分别从轮毂两边打入，使两工作面分别与轴和轮毂上的键槽平面压紧，工作时主要靠工作面的挤压传递扭矩。切向键对轴的削弱较为严重，且对中性不好，常应用在轴径较大（$d>60$ mm）、对中性要求不高和传递较大扭矩的低速场合。图 2-4 所示为切向键连接。

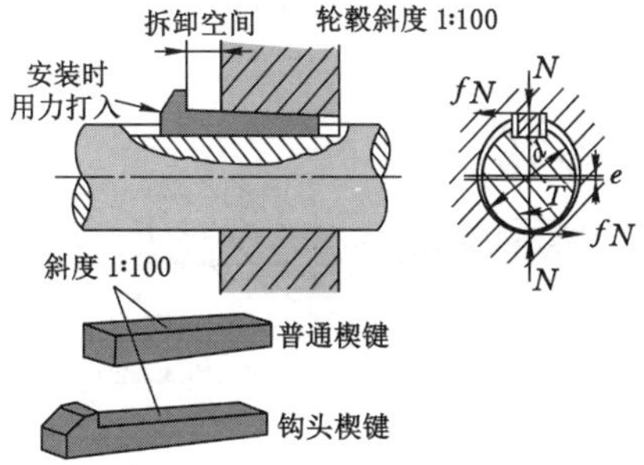

图 2-3　楔键连接装配图

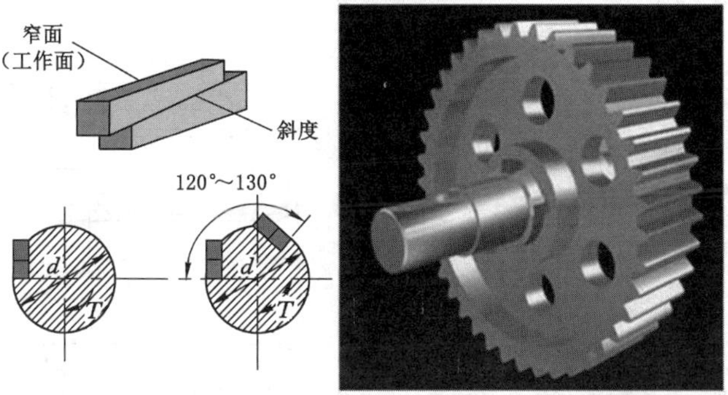

图 2-4　切向键连接

2. 松键连接

松键连接是依靠键的两侧面来传递扭矩的。键的上表面与轮毂键槽底面间有间隙，装配时不用打紧，不会影响轴与轮毂的同心度。但松键连接不能承受轴向力，因此，轴上的零件需要轴向固定好。松键连接有平键连接、半圆键连接和花键连接等。

(1) 平键连接按用途不同分为普通平键、导向平键和滑键。普通平键应用最广，它又有 3 种形式。图 2-5 所示为普通平键连接的结构,图 2-6 所示为普通平键的形式。

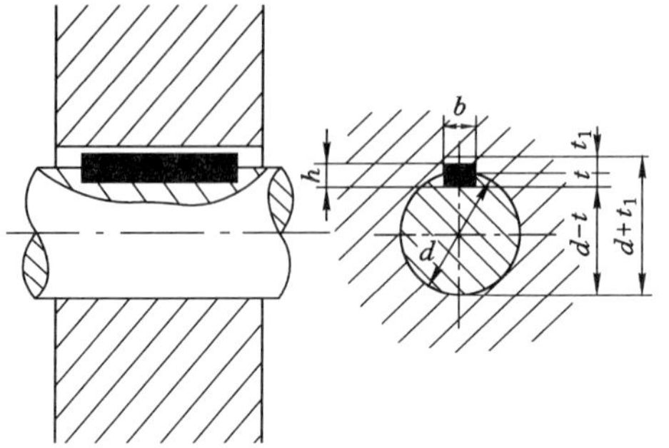

图 2-5　普通平键连接的结构

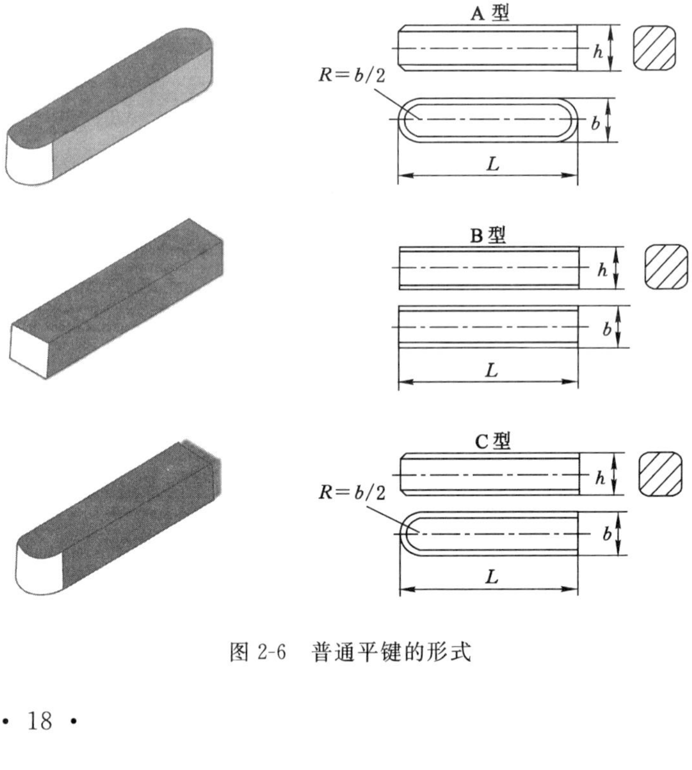

图 2-6　普通平键的形式

(2) 花键连接由带键齿的花键轴和带键齿的轮毂组成。工作时依靠键齿的侧面来传递扭矩。由于花键连接的键齿较多，接触面积大，所以能够传递较大的载荷。花键连接较多地应用在载荷较大和定心度要求较高的机械设备上。图 2-7 所示为花键齿形，图 2-8 所示为花键连接图。

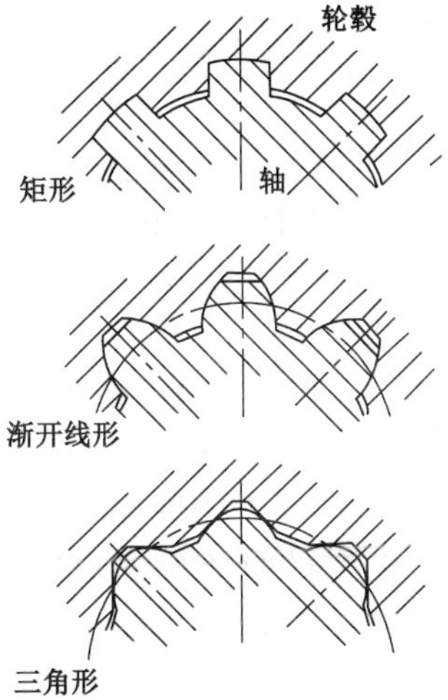

图 2-7　花键齿形

图 2-8　花键连接图

(二) 销连接

销的用途主要用来定位、传递动力和扭矩，以及用来作为安全装置中被切断的零件(图 2-9)。销的类型有圆柱形和圆锥形两种(图 2-10)。销一般用 35 钢(淬火 HRC28～HRC38)、45 钢(淬火 HRC38～HRC46)、30CrMnSiA 钢(淬火HRC37～HRC42)或 T8A、T10A 等材料制造。

(三) 螺纹紧固件

1. 螺纹紧固件的组成

螺纹紧固件是机械设备中常用的紧固件，它由螺栓(螺钉)、螺

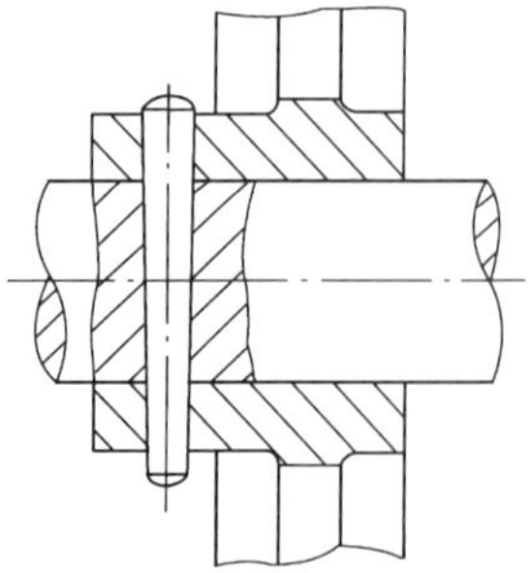

图 2-9　连接销

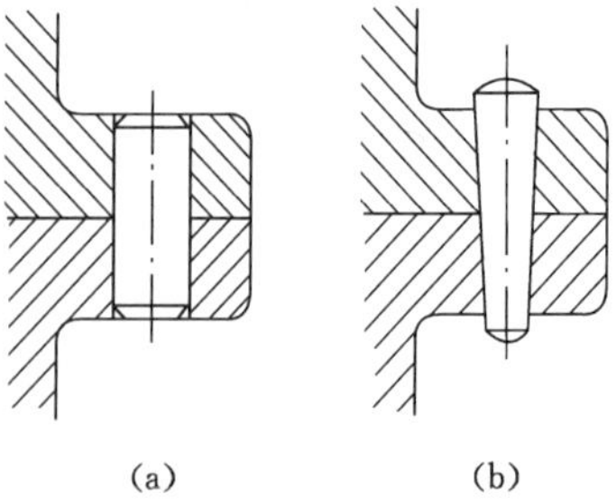

图 2-10　定位销

(a) 圆柱销;(b) 圆锥销

母和垫圈等组成,其结构形式和尺寸基本标准化。

(1) 螺栓:有普通螺栓和铰制孔用螺栓,其头部多为六角形(标准六角头、小六角头)。如图 2-11 所示。

(2) 双头螺柱:两头螺纹长度有相等的和不相等的两类。螺纹长度相等的螺柱,用于其两头都配以螺母的场合。如图 2-12 所示。

图 2-11　螺栓

图 2-12　双头螺柱

(3) 螺钉:头部有内六角头、十字槽头、开槽头(一字槽头)、滚花头;端部有锥端、平端、凹端、圆柱端。如图 2-13 所示。

图 2-13　螺钉

(4) 螺母:常用螺母有六角螺母和圆螺母(螺母与螺栓或螺柱的螺纹部分组成具有自锁性能的螺旋机构,可保持静载时连接不松动)。圆螺母多为细牙螺纹,4 个缺口供扳手拧紧用。圆螺母常与止动垫圈配合使用,形成机械防松,用以固定轴上的零件。图 2-14 所示为六角螺母,图 2-15 所示为圆螺母。

图 2-14　六角螺母

图 2-15　圆螺母

(5) 垫圈:垫圈的作用是增大被连接件的支承面,降低支承面的压强,防止拧紧螺母时擦伤被连接件的表面。常用的垫圈有平垫圈和弹簧垫圈两种。平垫圈与螺栓、螺柱和螺钉配合使用;弹簧垫圈与螺母等配合使用,可起防松作用。如图 2-16 所示。

2. 螺纹连接的预紧和防松

(1) 预紧:预紧的目的是防止工作时连接出现缝隙和滑移,以

图 2-16　垫圈

保证连接的紧密性和可靠性。拧紧力矩 T 和轴向预紧力 F_o 间的关系为：

$$T \approx 0.2F_o d$$

式中　T——拧紧力矩，N·mm；

F_o——螺栓轴向预紧力，N；

d——螺纹大径，mm。

(2) 防松：螺纹连接的防松原理就是阻止内、外螺纹之间产生相对运动。常用的防松方法有摩擦防松、机械防松和永久止动防松。

① 摩擦防松方法有以下四种：

弹簧垫圈防松：在螺母下面垫一个弹簧垫圈，利用垫圈的弹性变形所产生的弹性反力，使螺纹间产生一定的摩擦力，从而达到防止松动的目的。

对顶螺母防松(双螺母防松)：用两个螺母对顶拧紧，两个螺母互相挤压，使螺纹接触面间轴向压紧，从而防止松动。

自锁螺母防松：将螺母进行特殊处理后，使其具有自锁功能而达到防松目的。自锁螺母的类型很多，有弹性圈螺母、上部挤压变形螺母、开径向槽螺母等。

螺纹防松胶防松(又称丝扣脂)：将防松胶涂在螺母和螺杆接触表面上，增大螺纹间的摩擦系数，从而防止螺母松动。

② 机械防松：通过使用止动元件防止螺纹间相对转动，如开

口销与开槽的螺母、止动垫圈等。

③ 永久止动防松：利用焊接、冲边、黏合等方法防止螺纹间相对运动。

三、采煤机的润滑

在采煤工作面，由于采煤机负荷大、工作环境恶劣，同时又由于对采煤机的性能要求高，使用寿命要求长，所以能否充分发挥采煤机效能，很大程度上取决于对它维护保养的好坏。而维护保养工作归结于保证其良好的润滑，及时更换已失效的零部件，及时排除事故隐患等。因此，要保证采煤机安全可靠地运行，就必须严格执行维护保养制度，严把用油和润滑关。采煤机司机和相关维护人员应高度重视采煤机的维护保养，特别是机械部位的润滑及液压传动牵引的用油问题。据不完全统计，在采煤机所发生故障的总数中，机械事故占80%左右，而因润滑问题造成的事故却占有很大比例；另一部分故障则多发生在液压系统中。采煤机常用的润滑材料大致分为两类：一类是润滑油脂类，常用的主要是钙基润滑脂、钠基润滑脂、钙钠基润滑脂和锂基润滑脂等；另一类是润滑油类，常用的主要有液压油和齿轮油等。如表2-1所示。

表2-1 润滑材料在采煤机上的应用

润滑材料	润滑油类		润滑脂类
	液压油	齿轮油（极压齿轮油）	润滑脂
在采煤机上的应用	主要用于液压调高系统中，作为工作介质传递动力、润滑、冷却、冲洗和防锈等	专门用于齿轮传动的润滑油，广泛用于采煤机摇臂减速箱和牵引部减速箱的传动部分	主要用于摇臂回转轴承，牵引部内外驱动轴承和牵引部的滚动轴承

(一) 采煤机液压油

1. 液压油的品种

目前我国生产的液压油有普通液压油和抗磨液压油等品种。

(1) 普通液压油(机床液压油):该油品是在经深度精制的石蜡基矿物油中加入适量抗氧化、抗磨、抗泡、防锈等添加剂而制成的,它的氧化安定性、抗泡性、防锈性及黏温性均较好,有中等的耐磨性,但凝点较高,只能在环境温度0 ℃以上的条件下使用,一般适用于要求较高的中、低压液压系统。

(2) 抗磨液压油:该油品是在普通液压油中加入高效抗磨添加剂制成的,它的显著特点就是有特别高的抗磨性,主要适用于工作压力在16 MPa以上的高压液压系统,如采煤机的液压系统。抗磨液压油按国际标准可分为N32、N46、N68、N100、N150等牌号。如表2-2所示。

表2-2　　国产抗磨液压油的质量标准

项目＼牌号	N32	N46	N68	N100	N150
运动黏度/(10^{-6} m²/s)	28.8～35.2	41.4～50.6	61.2～74.8	90.0～110	135～165
黏度指数	≥95	≥95	≥95	≥90	≥90
闪点/℃(不低于)	170	170	170	190	200
凝点/℃(不高于)	−25	−25	−25	−15	−15

抗磨液压油按抗磨剂分为两类:

① 锌型(有灰型)抗磨液压油,加有锌型抗磨剂——二烷基二硫代磷酸锌,燃烧后残留有氧化锌灰,故又称为灰型抗磨液压油。

② 非锌型(无灰型)抗磨液压油,加有非金属性抗磨剂,燃烧后不留有金属化合灰分,性能优于锌型抗磨液压油,但成本较高。

我国主要生产锌型抗磨液压油。

考虑到采煤机液压系统的工作温度、压力等因素，故目前选用N100或N150两种牌号的抗磨液压油。

2. 采煤机液压系统对液压油的要求

因为采煤机液压系统的工作温度变化范围较大（40～80 ℃），工作压力在15～25 MPa之间，加之井下环境污染严重，所以对液压油提出以下要求：

（1）具有合适的黏度和较好的黏温性能。

黏度是液压油的重要指标。黏度过大，液压系统压力损失和机械损失愈大，严重时会造成油泵吸空或发生气蚀现象；黏度过低，会增加系统的容积损失并降低润滑性能。因此，液压油的黏度必须选择适当，并具有必要的黏度指数，通常黏度指数不应小于90。

（2）具有良好的润滑和抗磨性能（即润滑性能）。

抗磨性能是指减少液压元件零部件的磨损能力。工作液体的润滑性愈好，油膜强度愈高，其抗磨性就愈好。

（3）抗氧化性好。

工作液体抵抗空气中氧化作用的能力称为抗氧化性。工作液体被氧化后黏度会发生变化，酸值要增加，从而使系统工作性能变坏。工作液体温度越高，越易被氧化。

（4）良好的防锈性。

矿物油与水接触时，延缓金属锈蚀过程的能力，称为矿物油的防锈性。采煤机的工作条件潮湿，加上冷却喷雾系统的水容易进入油箱，所以必须使工作液体具有良好的防锈性。

（5）良好的抗乳化性。

矿物油与水接触时，抵抗它们生成乳化液的能力，称为抗乳化性。水进入液压系统后在液压元件的剧烈搅动下，与工作液体形成乳化液，使工作液体变质，产生腐蚀性的沉淀物，从而降低其润滑性、防锈性和工作寿命。

(6) 具有良好的化学稳定性，抗氧化能力强，抗泡沫性能好。

工作液体中混入空气，对液压系统工作性能影响很坏。气体会使系统动态性能变坏，产生气穴、气蚀现象。抗泡沫性是指当液压系统内混入气体时，液体内不易生成微小的气泡或泡沫，即使生成了微小的气泡或泡沫，也会迅速长大成大气泡而升出液面自行破灭。

(7) 闪点高、凝固点低。

(8) 对密封材料适应性强，以免影响密封件的使用寿命。

(二) 采煤机齿轮油

齿轮油是专门用于齿轮传动的润滑油，用于采煤机牵引部、截割部及破碎滚筒的传动部分。

1. 齿轮油的作用

(1) 降低齿轮及其他运动部件的磨损，保证正常运转，延长使用寿命。

(2) 降低摩擦，减少功率损失及发热量。

(3) 分散热量，起冷却作用。

(4) 防止腐蚀与生锈。

(5) 降低噪声、振动和轮齿间的冲击。

(6) 冲洗齿面污染物及固体颗粒，避免颗粒磨损。

2. 齿轮油的分类

齿轮油分为两大类：工业齿轮油和车辆齿轮油。采煤机械中的齿轮传动都用工业齿轮油。

工业齿轮油又分为普通工业齿轮油和极压工业齿轮油两类。

普通工业齿轮油具有抗磨性、抗泡沫性和较好的抗氧化性，一般用于中等载荷的闭式齿轮传动中。

极压工业齿轮油是在齿轮油中加入4%～6%高性能极压添加剂制成的。它具有良好的极压性、抗磨性、抗锈性、抗泡沫性、分水性和抗氧化性，因此，油膜强度大，摩擦系数低，特别适用于重载、高温和受冲击载荷比较大条件下的煤矿机械齿轮传动。

极压工业齿轮油按极压添加剂不同又分为硫铅型和硫磷型两种。

硫铅型极压工业齿轮油，适用于无水环境，只能用于温度 80 ℃以下，否则会产生硫化铅沉淀。

硫磷型极压工业齿轮油性能较硫铅型好，适用于潮湿有水环境，具有良好的抗乳化性，可用于 80 ℃以上的条件。由于采煤机的截割部、摇臂、牵引传动部及液压箱中的齿轮传动具有承受重载及冲击、工作温度变化大、水侵入等特点，因此都选用硫磷型极压工业齿轮油。国产硫磷型极压齿轮油有 N68、N100、N150、N220、N320、N460、N680、N1000 八种牌号，其中最常用的是 N220、N320、N460 等三种，以 N220、N320 用得最多。

（三）采煤机润滑脂

润滑脂是采煤机械润滑的主要材料之一，常用的有钙基润滑脂、钠基润滑脂、锂基润滑脂、二硫化钼润滑脂等。

1. 钙基润滑脂的现有牌号及适用条件

钙基润滑脂的现有牌号及适用条件如表 2-3 所示。

表 2-3　钙基润滑脂的现有牌号及适用条件

主要组成	现有牌号	代号	适用条件
由动物油和石灰制成的钙皂稠化中等黏度的润滑油制成	1	ZG-1	用于需耐水的集中给润滑脂系统，最高适用温度为 55 ℃
	2	ZG-2	适用于中转速、低负荷、一般极易受水侵袭的中小型机械（如水泵），最高适用温度为 55 ℃
	3	ZG-3	适用于中转速、中负荷、一般极易受水侵袭的中型机械，最高适用温度为 60 ℃
	4	ZG-4	适用于低转速、重负荷、一般极易受水侵袭的重型机械，最高适用温度为：ZG-4 不高于 60 ℃，ZG-5 不高于 65 ℃
	5	ZG-5	

2. 钠基润滑脂的现有牌号及适用条件

钠基润滑脂的现有牌号及适用条件如表 2-4 所示。

表 2-4　　钠基润滑脂的现有牌号及适用条件

<table>
<tr><th>主要组成</th><th>现有牌号</th><th>代号</th><th>适用条件</th></tr>
<tr><td rowspan="3">以动植物油和钠皂稠化中等黏度的润滑油制成</td><td>2</td><td>ZN-2</td><td rowspan="2">工作温度≤120 ℃的摩擦部位的润滑</td></tr>
<tr><td>3</td><td>ZN-3</td></tr>
<tr><td>4</td><td>ZN-4</td><td>工作温度≤130 ℃的重负荷机械的润滑</td></tr>
</table>

3. 锂基润滑脂的现有牌号及适用条件

锂基润滑脂的现有牌号及适用条件如表 2-5 所示。

表 2-5　　锂基润滑脂的现有牌号及适用条件

<table>
<tr><th>主要组成</th><th>现有牌号</th><th>代号</th><th>适用条件</th></tr>
<tr><td rowspan="4">以 12-羟基硬脂酸锂皂稠化中等黏度的润滑油，并加抗氧化剂等制成</td><td>1</td><td>ZL-1</td><td>适用于集中给脂系统</td></tr>
<tr><td>2</td><td>ZL-2</td><td>适用于中负荷、中转速机械</td></tr>
<tr><td>3</td><td>ZL-3</td><td>适用于矿山机械、大中型电动机等</td></tr>
<tr><td>4</td><td>ZL-4</td><td>适用于脂易流失的重载荷、低转速的滑动轴承</td></tr>
</table>

润滑脂的选择主要依据机器的工作温度、运转速度、轴承负荷及工作条件而定。

4. 采煤机械中常用的润滑脂的特性

采煤机械中常用的润滑脂的特性如表 2-6 所示。

表 2-6　　采煤机械中常用的润滑脂的特性

类型	特性	连续使用最高温度	低温启动扭矩	抗水性	工作安定性	使用寿命
钙基脂	抗水、价廉	80 ℃	中到低	好	一般	中等
钠基脂	高熔点、工作稳定	120 ℃	高到低	差	最好到差	中到长
钙钠基脂	高熔点	120 ℃	中到低	一般	最好到差	中到长
锂基脂	高熔点、抗水、寿命长	150 ℃	中到低	好	最好到一般	长

由表 2-6 得知，锂基脂的综合性能较好，所以在综采设备中广泛应用。其中以 3# 锂基脂应用最多。

（四）现场油质的观察、检查及处理

1. 外观判断

（1）抗磨液压油的颜色为橙色并透明。

（2）机械油的颜色为黄褐色到棕色，并有不透明的蓝荧光。

（3）齿轮油的颜色为深褐色。

检查方法：放出一些旧油，看其颜色与新油的颜色有无不同。当油在使用中受到水、空气和其他杂质污染，变得混浊，有乳化泡沫，颜色呈黑褐色或出现黑颗粒及悬浮物等现象时，应更换新油。

2. 气味判断

（1）抗磨液压油一般无味。

（2）液压油有酸味。

（3）齿轮油无味。

检查方法：放出的油散发出一种苦涩的气味时，表明油已老化变质，应更换新油。

3. 黏度判断

从油池中捞一把油，看油的流线，或者用手摸油的黏性，来确定油的黏度变化。

4. 处理办法

(1) 液压油:如果油质透明、澄清、气味良好,可以照常使用;如果油质透明、有小黑点、气味良好,过滤后可使用;如果油质呈乳白色,需更换新油;如果油质呈黑褐色、气味恶臭,需更换新油;如果试样静止后油液自下而上澄清,说明是空气混合所致,排除空气后仍可使用;如果油液自上而下澄清,说明油液中混入水分,不能继续使用。

(2) 工业齿轮油:在工作面现场发现油液有强烈的油烟味,颜色变成黑褐色或机械杂质严重超限等情况之一时,均应换油。

(五) 注油要求

(1) 必须按注油图标明的油脂牌号加油,不允许混用。

(2) 油液存放、运输必须防水、防尘。

(3) 盛、贮油容器必须洗净。油桶、油抽子要一油专用,油枪及其他油具要清洁,严禁把杂物带进油池。

(4) 井下检修需打开大盖时必须支篷、洒水灭尘,并严防煤块、岩渣、工具、手套等杂物落入油池。

(5) 严禁用纱布、普通布、棉纱等擦洗液压油池及液压元件,而应用泡沫塑料或绸缎擦抹干净。

(6) 换油时,要将废油放净,后用同类油品冲洗干净油池,然后加注新油,且各部分油位应在适当位置。

(7) 按润滑系统图和各大部件润滑要求,分别注齿轮油、液压油和润滑脂。

(8) 每班均需注意各部油位,如果缺油,不许开动机器。尤其是牵引部油池,无论在什么情况下,均应保持油标所示的油量,以保证正常运转。

(9) 每班应随时注意精过滤器情况,如堵塞,应立即清洗或更换滤芯。更换各处滤芯时,应防止脏物进入系统内部。随时注意油温。

（10）每周用现场观察油质的方法检查油质，每月用化验的方法检验油质。

（六）电牵引采煤机的润滑

1. 截割机构的润滑

电牵引采煤机截割部的摇臂采用分腔润滑，摇臂臂身和行星轮系减速器各自有独立的油池，均采用飞溅润滑。按设备说明书加注相应牌号的齿轮油。在摇臂水平时，摇臂臂身油位和行星轮系减速器油位可通过量油杆来观察油面位置，油位应在量油杆的最高油面和最低油面之间。测量方法如下：① 拧下量油杆并擦干净油膜；② 拧入量油杆降至摇肩处；③ 拧下量油杆读取油位。在摇臂靠采空侧上方和上平面设有透气塞、加油阀、加油孔，下方设有放气塞。在摇臂的行星头上方设有加油塞，下方设有放油塞。

直摇臂部件在采煤机两端可以通用互换，当摇臂左右互换时应注意：设在摇臂行星头和摇臂身的油位标尺、透气塞、放油阀应进行换位安装，保证油位标尺、透气塞、放油阀处于机器的上方。

2. 牵引部的润滑

电牵引采煤机牵引部减速箱传动齿轮和轴承采用飞溅式润滑，齿轮箱内按设备说明书加注相应牌号的齿轮油，机身处于水平状态且电动机不转时，油位可用装在牵引箱的油位指示杆来监控，油位在第 2 标记处，偏差±20 mm 是允许的。如果油位低于第 2 标记处超过 20 mm，应加油直到第 2 标记处。在左右牵引部靠摇臂端的采空侧设有油位窗口，可观察和测量油位高度。在油位窗口上面和煤壁侧上部各设一个透气塞，在机壳的煤壁侧底部有一个放油孔和螺塞，机壳上平面设有加油孔以及螺塞。

3. 液压系统的润滑

调高泵箱内按设备说明书加注相应牌号的液压油，在泵箱的采空侧设有油窗，采煤机正常工作时，油面不得低于油窗所示的最低油位，若低于该油位则应予以补充。箱体的正面下方设有放油孔，在箱体的上平面设有空气滤清器，加油时先将该滤清器拆下，再向泵箱内加入相应牌号的液压油。

四、联轴器、离合器和制动器

(1) 联轴器用来连接两根轴或轴和回转件，使它们一起回转，传递转矩和运动。在机器运转的过程中，两轴或轴和回转件不能分开，只有在机器停止转动后用拆卸的方法才能将它们分开。

(2) 离合器用来连接两根轴或轴和回转件，使它们一起回转，传递转矩和运动。可根据工作需要在机器运转过程中随时使两根轴或轴和回转件结合或分离，操作机械传动系统的启动、停止、换向及变速。

(3) 制动器是利用摩擦阻力矩降低机器的运转速度或使其停止运转装置(如采煤机中采用的制动装置)。制动器一般设置在机构中转速较高的轴上(转矩小)，以减小制动器的尺寸。

第二节　液压传动基础知识

一、液压传动

液压传动是以液体为工作介质，利用液体压力来传递运动和动力的一种传动方式。

二、液力传动

利用液体动能来传递动力的传动方法叫液力传动。如液力耦合器、离心式水泵。

三、液压传动系统的组成部分及各部分功能

(1) 液压动力源(动力元件)：是将原动机所提供的机械能转换为工作液体的压力能的机械装置，通常称为液压泵或油泵(也包括其他一些属于能源的附件)。其作用是为液压系统提供压力油，它是液压系统的动力源。

(2) 液压执行元件(执行元件)：是将液压泵所提供的工作液

的压力能转换为机械能，输出到机器工作机构上去的机械装置。其作用是在压力油的推动下输出力矩和转速（力和速度），以驱动工作部件。做往复直线运动的机械装置称为油缸或液压缸，做连续旋转运动的机械装置称为油马达或液压马达。

（3）液压控制元件（控制元件）：又叫控制调节装置，是对液压系统中工作液体的压力、流量、速度、方向进行调节和控制的机械装置。

根据用途和工作特点的不同，液压阀主要可分为三大类：

① 压力控制阀，如溢流阀、减压阀、顺序阀等。

② 流量控制阀，如节流阀、调速阀等。

③ 方向控制阀，如单向阀、换向阀等。

（4）液压辅助元件（辅助元件），包括油箱、油管、管接头、过滤器、蓄能器、冷却器及各种监测仪表等。

（5）工作液体。它是能量的承受和传递介质，同时也起着润滑运动零件和冷却传动系统的作用。

四、液压传动的特点

（一）优点

（1）易于获得很大的力或力矩，因此承载能力大。

（2）易于在较大速度范围内实现无级调速，而且换向容易。

（3）液压传动较其他传动方式容易将旋转运动转换成直线运动。

（4）在功率相同的情况下，液压传动体积小、质量轻，因而动作灵敏，惯性小。

（5）液压传动传递动力比较平稳，便于实现频繁换向和过载保护，避免零件损坏，延长机器寿命。

（6）操作方便，易于实现自动化。

（7）液压元件已实现系列化、标准化和通用化，液压系统的设计和制造都比较方便。

（二）缺点

（1）液压元件加工精度要求高，装配要求也比较严格，生产制造比较困难，成本高。

（2）实现定比传动困难，不宜应用在传动比要求严格的场合。

（3）对温度的变化比较敏感，故不宜在高温或低温的环境下工作。

（4）传动效率低，故不宜远距离输送动力。

（5）发生故障不容易检查与排除。

五、工作压力等级

在液压传动中通常将液体的工作压力分为五级：

（1）低压：0～2.5 MPa；

（2）中压：2.5～8 MPa；

（3）中高压：8～16 MPa；

（4）高压：16～32 MPa；

（5）超高压：＞32 MPa。

第三章　长壁采煤法采煤工艺

第一节　采煤方法概述

一、采煤方法的分类

采煤方法是指采煤系统与采煤工艺在时间和空间上的相互配合。

（一）采煤系统

回采巷道的掘进一般是超前于回采工作进行的，它们之间在时间上的配合以及在空间上的相互位置关系，称为采煤系统，也即回采巷道布置系统。

（二）采煤工艺

在采煤工作面内按照一定顺序完成落煤、装煤、运煤、顶板支护和采空区处理各项工序的方法及其配合，称为采煤工艺。在一定的时间内，按照一定的顺序完成回采工作各项工序的过程，称为采煤工艺过程。

在采场内，为采取煤炭所进行的一系列工作，称为回采工作。回采工作可分为基本工序和辅助工序。回采工作中的落煤、装煤、运煤是回采工作的基本工序，除此之外的工作面支护、采空区处理、移置运输机及采煤设备等工序是回采工作的辅助工序。

（三）采煤方法

通常按采煤工艺、矿压控制特点和采煤系统构成情况，将采煤方法划分为壁式体系采煤法和柱式体系采煤法两大类。

1. 壁式体系采煤法

壁式体系采煤法又称长壁体系采煤法，以长工作面采煤为主要标志。其主要特点是：采煤工作面长度通常在 80～250 m 之间。工作面两端各有一条巷道，用于进风、回风、运煤和运料。采出的煤平行于工作面方向运出，并用支架支护工作面工作空间。随着采煤工作面的推进，要求及时地、有计划地处理采空区。处理采空区顶板采用垮落法或充填法。

壁式体系采煤法按是否一次开采煤层全厚，可分为整层采煤法和分层采煤法。薄或中厚煤层一般采用整层采煤法，将煤层全厚一次采出；厚煤层既可采用整层开采也可采用分层开采。

按工作面布置及推进方向的不同，壁式体系采煤法（长壁采煤法）又可分为走向长壁采煤法和倾斜长壁采煤法。采煤工作面沿煤层倾斜方向布置，沿煤层走向方向从采区边界向采区上山或下山方向回采，这种采煤方法称为走向长壁采煤法；采煤工作面沿煤层走向方向布置，沿煤层倾斜方向向上（仰斜）或向下（俯斜）回采，称为倾斜长壁采煤法。

2. 柱式体系采煤法

柱式体系采煤法以房柱间隔进行采煤为主要标志。其主要特点是：采煤工作面长度较短，一般为 10～30 m，但工作面数目较多，工作面内煤的运输方向往往垂直于煤壁。回采过程中一般没有处理采空区的工序，工作面内通风条件较差。

我国绝大多数煤矿采用壁式体系采煤法。

二、采煤工艺

目前普遍采用的采煤工艺有爆破采煤工艺（炮采）、普通机械化采煤工艺（普采）、综合机械化采煤工艺（综采）、综采放顶煤采煤工艺(放顶煤开采)。

1. 爆破采煤工艺

炮采就是用打钻爆破的方法崩落煤炭,将煤炭装入工作面刮板输送机运出工作面,同时对工作面空间范围内的顶板进行支护,并对采空区进行处理。

2. 普通机械化采煤工艺

普通机械化采煤是指用滚筒式采煤机(或刨煤机)、可弯曲刮板输送机、单体液压支柱和铰接顶梁等配套进行生产。普采工作面的采煤工艺除破煤和装煤由采煤机完成外,其余工序与炮采基本相同。

3. 综合机械化采煤工艺

综合机械化采煤是指用滚筒式采煤机(或刨煤机)、可弯曲刮板输送机、自移式液压支架等配套进行生产,实现了破、装、运、支、回等工序的全部机械化。

4. 综采放顶煤采煤工艺

此工艺包括底分层综合机械化采煤和放顶煤两个大的环节。

第二节 综合机械化采煤工艺

综合机械化采煤简称综采。它是采煤工作面的破煤、装煤、运煤、支护和采空区处理等基本工序全部实现机械化的采煤工艺。综采工作面内的设备包括滚筒采煤机、可弯曲刮板运输机、自移式液压支架以及乳化泵站等其他一些附属设备。在运输巷道内装有转载机和可伸缩带式运输机;在回风巷道内装设单轨吊车或双轨材料车,供输送材料和设备等使用。

一、工作面布置

综采工作面设备布置如图 3-1 所示。

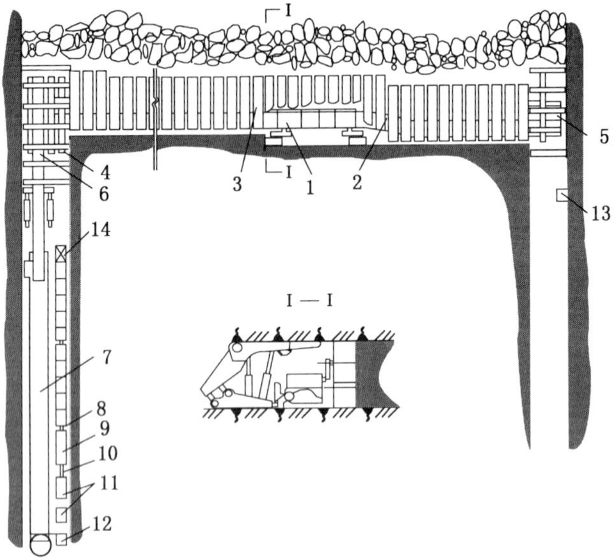

图 3-1　综采工作面设备布置图

1——采煤机；2——刮板输送机；3——液压支架；4——下端头支护；5——上端头支护；6——转载机；7——带式输送机；8——配电箱；9——乳化液泵站；10——设备平板列车；11——移动变电站；12——喷雾泵站；13——液压绞车；14——集中控制台

（一）采煤机

综采生产的中心设备一般均为双滚筒采煤机。

采煤机滚筒的旋向根据使用的条件不同而异，确定旋转方向的原则是有利于装煤和机器的稳定性。

双滚筒采煤机大都选择两个滚筒旋向相反，使两个截割滚筒的截割阻力相抵消，从而保证机器工作平稳。旋向相反的滚筒有两种布置方式，即反向对滚和正向对滚。

(1) 反向对滚(相背)：中厚及中厚以上煤层采煤机滚筒的旋

向一般采用反向对滚(当我们面向煤壁站在综采工作面时,通常采煤机的右滚筒应为右螺旋,割煤时顺时针旋转;左滚筒应为左螺旋,割煤时逆时针旋转),即左滚筒左旋,右滚筒右旋。这种割煤方式因滚筒直径较大,采煤机摇臂下方有较大的过煤空间能够装煤;而且产生的煤尘较少,不会抛出碎煤伤人,装煤效果好。

(2) 正向对滚(相对):即左滚筒右旋,右滚筒左旋。这种旋向选择一般用于薄煤层工作面采煤机。正向对滚时,截割滚筒在采煤机机身前方装入工作面刮板输送机,因此,这种方法利于装煤和机身稳定。但由于截割滚筒的直径小、转速较高,割煤过程中,前滚筒产生的煤尘较多,且易造成截齿抛煤伤人。

(二) 刮板输送机

刮板输送机既是运煤设备,又是采煤机运行的导轨和移置液压支架的支点。其结构尺寸与采煤机、液压支架相配套。要求它运输能力大,结构强度高。

(三) 液压支架

液压支架以高压乳化液为动力来完成顶板支护、支架前移、推移输送机和采空区处理等各工序。有的工作面在上、下出口还专门使用端头液压支架。

(四) 转载机和可伸缩带式输送机

转载机是安装在工作面运输平巷内的桥式刮板输送机,它一端搭接在工作面输送机机头下,另一端搭接在带式输送机的机尾上,将工作面运出的煤转送到可伸缩带式输送机上,运出工作面,转载机随工作面一起推进,由拉移装置整体向前移动。

可伸缩带式输送机是工作面运输平巷中的重要运输设备,因为它装有能储存 50～100 m 的储带装置,所以具有可伸缩性。随工作面的推进,储带装置可调节输送机的长度。工作面每推进 9～15 m 缩一次胶带,每推进 25～50 m 掐一段胶带,减少了因缩短输送带而影响生产的时间,加快了工作面推进速度,满足了工作面连续生产的要求。

（五）乳化液泵站

乳化液泵站是供给液压支架及其他液压设备动力的设施，随工作面的推进向前移动。

二、采煤工艺

（一）落煤

1. 综采工作面采煤机的割煤方式

综采工作面采煤机的割煤方式是综合考虑顶板管理、移架与进刀方式、端头支护以及运煤系统运输能力等因素后确定的，主要有以下两种：

(1) 双向割煤：往返一次割两刀，即往返都割煤、装煤，又称“穿梭割煤”。割煤时，前滚筒割顶煤，后滚筒割底煤。该方式适用于煤层赋存稳定、倾角较缓的综采工作面，工作面为端部进刀。

(2) 单向割煤：往返一次割一刀，即单向割煤，下行前滚筒割顶煤，上行后滚筒割底煤和装煤，往返一次只进一刀。工作面中间或端部进刀。该方式适用于：顶板稳定性差的综采面；煤层倾角大、不能自上而下移架，或输送机易下滑、只能自下而上推移的综采面；采高大而滚筒直径小、采煤机不能一次采全高的综采面；采煤机装煤效果差、需单独牵引装煤行程的综采面；割煤时产生煤尘多、降尘效果差，移架工不能在采煤机的回风平巷一端工作的综采面。

2. 综采工作面采煤机的进刀方式

当采煤机沿工作面割完一刀煤后，需要通过推移工作面输送机，形成一定距离的弯曲段，采煤机将滚筒切入下一个截深，这个自开缺口的过程称为进刀。

(1) 端部斜切法：采煤机在工作面两端头一定范围内进行的斜切进刀法。

① 进刀过程如下：

a. 当采煤机割至工作面端头时，其后的输送机槽已移近煤壁，采煤机机身处尚留有一段下部煤，如图 3-2(a)所示；

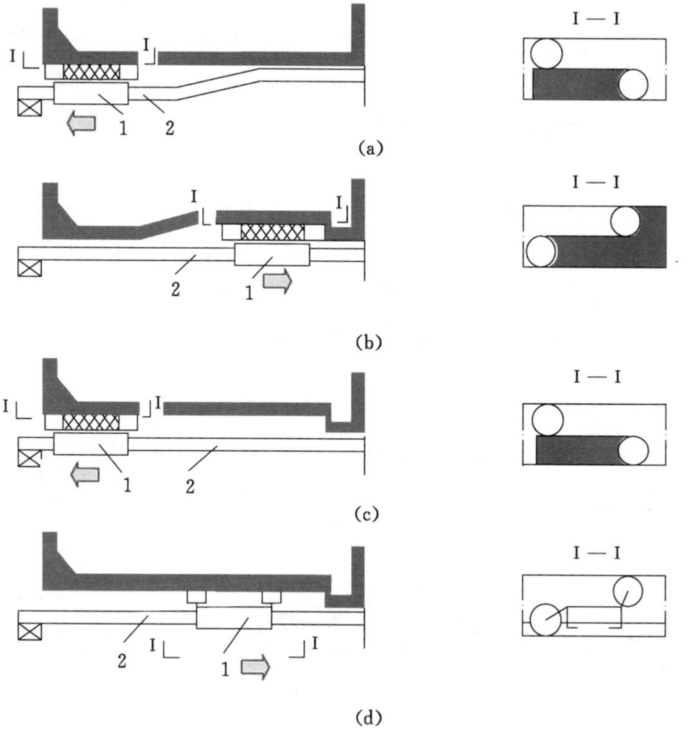

图 3-2　端部斜切示意图

b. 调换滚筒位置，前滚筒降下、后滚筒升起并沿输送机弯曲段反向割入煤壁，直至输送机直线段为止，然后将输送机移直，如图 3-2(b)所示；

c. 再调换两个滚筒上下位置，重新返回割煤至输送机机头处，如图 3-2(c)所示；

d. 将三角煤割掉，煤壁割直后，调换上下滚筒，返程正常割煤，如图 3-2(d)所示。

② 端部斜切法特点：每进一刀，采煤机要在工作面端部 20～40 m 范围内往返三次，滚筒位置对调三次，工序复杂。

③ 适应条件：适用于工作面长，煤层及顶板较稳定的工作面。

(2) 中部斜切法：利用采煤机在工作面中部，依靠推移输送机形成的弯曲段进行的斜切进刀法。

① 进刀顺序如下：

a. 采煤机割煤至工作面左端，如图 3-3(a)所示；

b. 空牵引至工作面中部，并沿输送机弯曲段斜切进刀，继续割煤至工作面右端，如图 3-3(b)所示；

c. 移直输送机，采煤机空牵引至工作面中部，如图 3-3(c)所示；

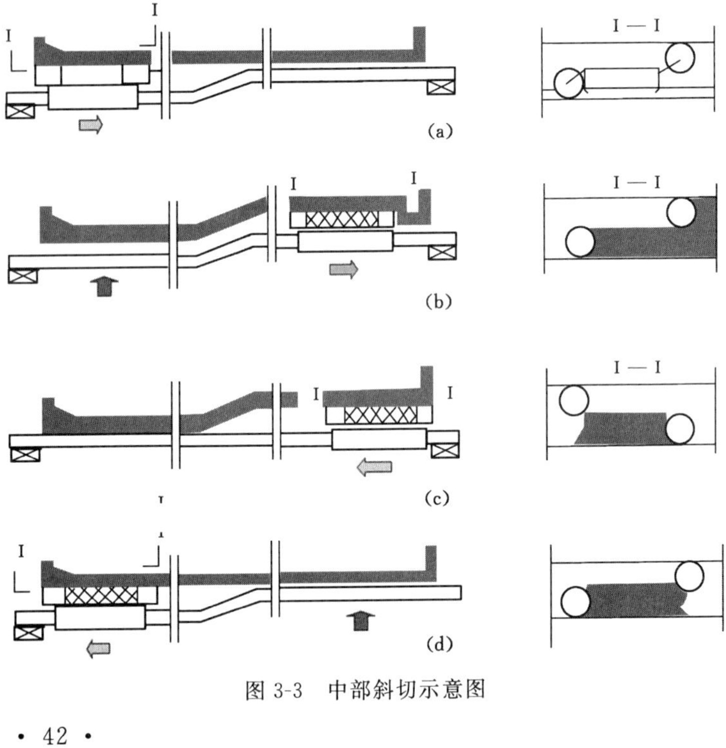

图 3-3　中部斜切示意图

d. 采煤机自工作面中部开始割煤至工作面左端，工作面右半段输送机移近煤壁恢复初始状态，如图 3-3(d)所示。

② 中部斜切进刀法特点：每进一刀只需采煤机换向两次，滚筒位置对调两次，工序简单；采煤机快速牵引扫底时可以装尽浮煤，装煤效果好；工作面输送机有一半时间保持直线状态运行，能提高输送机的使用寿命；虽然每割一刀煤采煤机要跑一个工作面长度的空刀，但因为在此过程中采煤机牵引速度高，故总的消耗时间不长。

③ 适应条件：适用于工作面长度较短，煤层及顶板较为稳定的工作面，以及有轻微偏帮、顶板破碎的工作面。

（二）装煤、运煤与推移输送机

装煤是借助滚筒的螺旋叶片将割下的煤装进输送机上，刮板输送机将煤运出工作面。采煤机采过 10～15 m 后，用推移千斤顶将输送机顶推到煤壁。推移时要保持弯曲段有一定长度，不使输送机过度弯曲。

（三）移架与支护

1. 综采工作面移架方式

液压支架的移架方式有顺序移架和交错移架两种。为了及时支护新暴露的顶板，一般采用顺序移架，即支架沿采煤机割煤方向依次顺序前移。

在顶板稳定条件下，当采煤机的牵引速度较大时，为了不影响正常采煤，可采用交错移架，即隔一架移一架，待采煤机割过一定距离或反向时再移其他支架。

顶板破碎、煤壁片帮时，要降低采煤机牵引速度，采用跟机移架或超前支护。

常用的移架方式有三种：

(1) 单架依次顺序式，又称单架连续式，支架沿采煤机割煤方向依次前移，移架步距等于截深，支架移成一条直线。该方式操作简单，容易保证工程质量，能适应不稳定顶板，应用较多。

(2) 分组间隔交错式，移架速度快，适用于顶板较稳定的高产综采工作面。

(3) 成组整体依次顺序式，一般由大流量电液阀成组控制，适用煤层地质条件好，采煤机快速牵引割煤。

2. 综采工作面液压支架的支护方式

综采工作面割煤、移架、推移输送机三个主要工序中，按照不同顺序有以下三种支护方式：

(1) 及时支护

及时支护即采煤机割煤后，先移支架，后移输送机的方式。回采过程为采煤、移架、推移输送机。这种支护方式推移输送机后，在支架前柱与输送机的电缆槽托架之间富有一个截深的宽度，有利于行人、运料、通风；在煤壁片帮时还可先于割煤及时移超前架，支护新暴露的顶板。因此这种支护方式在煤层顶板破碎并容易冒落的情况下采用。如图 3-4 所示。

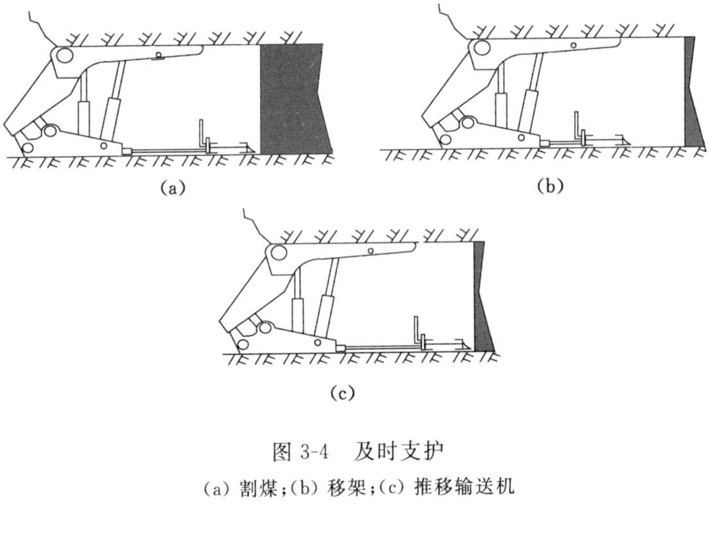

(a)　(b)　(c)

图 3-4　及时支护

(a) 割煤；(b) 移架；(c) 推移输送机

(2) 滞后支护

滞后支护即采煤机割煤后，先移输送机，后移支架，此移架要滞后割煤较大距离，顶板暴露面积大。其回采工艺过程为采煤、推移输送机、移架。这种支护方式在支架底座前端与输送机之间没有一个截深的宽度，适用于顶板岩石不易冒落的工作面，如图 3-5 所示。

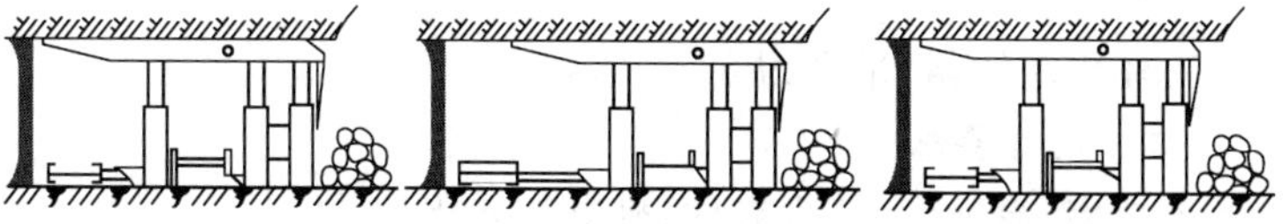

(a)　　(b)　　(c)

图 3-5　滞后支护

(a) 割煤；(b) 推移输送机；(c) 移架

(3) 超前支护

超前支护是指煤壁片帮严重，不等采煤机割煤，支架就利用前柱与输送机之间的富余量向前推移，使煤壁片帮后的顶板得到提前支护。

3. 端头支护

综采面端头支护方式主要有以下四种：

(1) 单体支柱与长花钢梁组成的迈步抬棚。该支护方式适应性强，但频繁移设支柱造成对顶板反复支撑，支护强度低，支设麻烦，费工费时，安全可靠性差。

(2) 单体支柱与双楔梁组成的抬棚。该支护方式适应性强，一次性支撑顶板，移设支柱少，支护强度相对较高，省工省时，安全可靠性较好，抬棚支设质量要求较高。

(3) 自移式端头支架，并配有过渡架。该支护方式移架速度快，但对巷道起伏适应性差，对巷道高度、宽度要求高。

(4) 用工作面液压支架支护端头。该支护方式适用于煤层倾角较小的工作面，通常在机头(尾)处要滞后于工作面中间架一个截深。

三、大采高一次采全厚综采工艺

大采高一次采全厚采煤工艺与综采工艺基本相同，其差别在于适应条件和工作面管理上。

(一) 适应条件

工作面缓倾斜，采高为 3.5～6.5 m。

(二) 设备要求

大功率、高强度、高可靠性、机电一体化。

(三) 工艺特点及优缺点

1. 工艺特点

(1) 初采高度较小，一般为 3.5 m 左右，直接顶初次垮落后增采至设计高度。

(2) 加强煤壁管理，防片帮：割煤后及时支护顶板、护帮，必要时采用带压移架；加快工作面推进速度；提高液压支架的初撑力；地质条件允许时可俯采。

(3) 工作面液压支架防倒、防滑：工作面呈伪斜推进；推移工作面输送机由下而上；及时调整支架角度及位置；控制采高；加强端头支护和超前支护管理；倾角大时工作面液压支架增设防倒千斤顶。

2. 优缺点

优点：回采巷道的掘进量比分层减少，工作面产量和效率大幅提高，减少了假顶的铺设，减少了设备搬迁次数，节省了搬迁费用，增加了生产时间，提高了资源采出率。

缺点：大采高设备投资大；采高越大，设备越重，管理要求越高；大设备运输、安装比较困难；煤壁、顶板管理的要求提高。

第三节　综合机械化放顶煤采煤工艺

对煤层用综采设备进行整层开采，在开采煤层底部布置一个综采工作面，用正常方法回采，工作面上方的顶煤，利用矿山压力或辅以人工松动方法使其破碎，并随工作面推进在后方放出，并由后部刮板输送机运出工作面，这种采煤工艺称为综采放顶煤，简称综放。

一、放顶煤开采的优缺点

（一）放顶煤综采的优点

（1）采煤工作面的开拓工作量和设备的投资减少。

（2）有利于合理集中生产。

（3）对煤层及地质条件具有较强的适应性。

（4）具有显著的经济效益。

（二）放顶煤综采的缺点

（1）煤炭采出率较低（比分层开采低10%左右）。

（2）工作面粉尘大，自然发火、瓦斯积聚隐患较大，对防灭火及防尘要求高，需要专门的设备和技术措施。

（3）顶板矸石易混入煤中，降低原煤煤炭质量。

（4）放顶煤工艺比较复杂。

二、综采放顶煤液压支架

一般放顶煤支架可分为掩护式、支撑掩护式、支承式和简易式四种类型。这四种类型根据放煤窗口的位置不同，又有高、中、低三种放煤方式；按输送机数目可分为单输送机和双输送机两类。

（一）单输送机高位放顶煤支架

这类支架是指单输送机、短顶梁、掩护梁开天窗高位放煤的掩护式支架。

（二）双输送机中位放顶煤支架

这类支架是指双输送机运煤，在掩护梁上开放煤口，中位放煤的支撑掩护式液压支架。

（三）双输送机低位放顶煤支架

这类支架是指双输送机运煤，在掩护梁后部铰接一个带有插板的尾梁，低位放顶煤的支撑掩护式液压支架。尾梁可上下摆动45°左右，用于松动顶煤，并维持一个落煤空间。尾梁中间有一个液压控制的放煤插板，用于放煤和破碎大块煤。

三、综采放顶煤工艺

（一）综采放顶煤主要工艺

综采放顶煤的采煤工艺过程为：采煤机割煤、移架、推移前部输送机和移后输送机放顶煤。

放顶煤为综放开采的关键工序，一般要根据架型、放煤口位置及几何尺寸、顶煤厚度及破碎状况，合理确定放顶煤的步距与作业方式。一般情况下采用“二采一放”或“三采一放”，即采煤机割两刀或三刀放一次顶煤。顶煤的放出顺序，可以从工作面一端开始，顺序逐架依次放煤，如果顶煤较厚，也可以隔架轮换或2～3架一组，隔组轮换放煤。

（1）割煤：采煤机的进刀方式与普通综采相同。

（2）移架：采用及时支护。

（3）推移输送机：在采煤机割过煤15 m后即可推移输送机。

（4）放顶煤。

放顶煤是综放开采成败的关键工序。因此，要确定好放煤工艺参数和放煤顺序。

（二）放煤步距

放煤步距是指沿工作面推进方向前后两次放煤的间距。合理地选择放煤步距，对提高采出率、降低含矸率十分重要。放煤步距与顶煤厚度、破碎质量、松散程度及放煤口的位置有关。合理的放煤步距是指把煤炭采出率和混矸率控制在一定范围内。

（三）放煤方式

放煤可分为连续放煤和不连续放煤两种，其中低位放顶煤支架为连续放煤，中、高位放顶煤支架为不连续放煤。

放煤方式按放煤轮次不同，可分为单轮放煤和多轮放煤。打开放煤口，一次将能放出的顶煤全部放完的称单轮放煤；每架支架的放煤口需打开若干次才能将顶煤放完的称多轮放煤。

放煤方式按放煤顺序不同，可分为顺序放煤和间隔放煤。顺序放煤是指按支架排列顺序（如 1，2，3，…）依次打开放煤口的方式；间隔放煤是指按支架排列顺序每隔 1 架或几架（如 1，3，5，…或 1，4，7，…）依次打开放煤口。无论是顺序放煤还是间隔放煤都可以采用单轮或多轮放煤。

四、放顶煤综采的安全技术措施

（一）防止自然发火的措施

1. 地面防灭火措施

(1) 用黄土、矸石等回填塌陷区，断绝地下采空区与地面的空气联系，使采空区不漏风，达到灭火的目的；

(2) 打钻孔向采空区进行黄泥灌浆或灌入 CO_2、N_2 等气体，达到灭火和防止自然发火的目的。

2. 地下防灭火措施

(1) 采用后退式通风、均压通风，以减少向采空区漏风。为此，要同时采取人为的隔风措施，如密闭、充填砂带、喷涂泡沫隔风等。

(2) 向巷道顶部，特别是高处破碎带处洒注阻化液，防止巷道周围煤柱自燃。

(3) 煤体高压注水或注阻化液。这种方法不但能防止煤炭自燃，同时可以防止煤尘飞扬，起到防尘作用。

(4) 向采空区洒注阻化液或喷射气雾阻化剂。

（二）防尘措施

(1) 综采放顶煤工作面喷雾防尘。

① 在放顶煤工作面运输巷、回风巷各设两趟管路，一是供采煤机喷雾；二是供支架喷雾及运输巷、回风巷胶带、机尾喷雾。供水压力为 2.5～5.0 MPa。

② 在采煤机附近、支架前探梁下增设一道喷雾装置，配合采煤机本身两道喷雾，采煤机割煤时，降低采煤机附近煤尘。

③ 在液压支架的掩护梁两侧各安设一个水力引射器，对准支架放煤口，当放煤时喷雾降尘。

(2) 煤体预注水。在工作面开采前，预先向煤体注入高压水，以湿润煤体，减少煤尘飞扬。

(3) 选用低位放煤口液压支架。

（三）防治瓦斯的措施

(1) 工作面上隅角和回风巷设瓦斯监测头，瓦斯超限时能自动报警和断电。

(2) 抽排采空区，特别是靠近工作面冷却带的瓦斯。

(3) 注 N_2，并配合抽采瓦斯。注 N_2 量必须大于或等于抽放量。

五、工作面设备布置

综放工作面除放顶煤液压支架是特殊设计以及多一部后部输送机外，其余设备布置均同普通综采工作面。如图 3-6 所示。

六、综合机械化放顶煤采煤工艺

采煤工艺同综采工艺，仅增加了放煤工艺。

（一）综采

割煤、移架、推移输送机与普通综采工艺要求一样，采煤机可以从工作面端部或中部斜切进刀，采用双向或单向割煤工艺，移架方式和工序配合方式可根据顶板情况选择合适的方式，选择的要求同综采工艺。

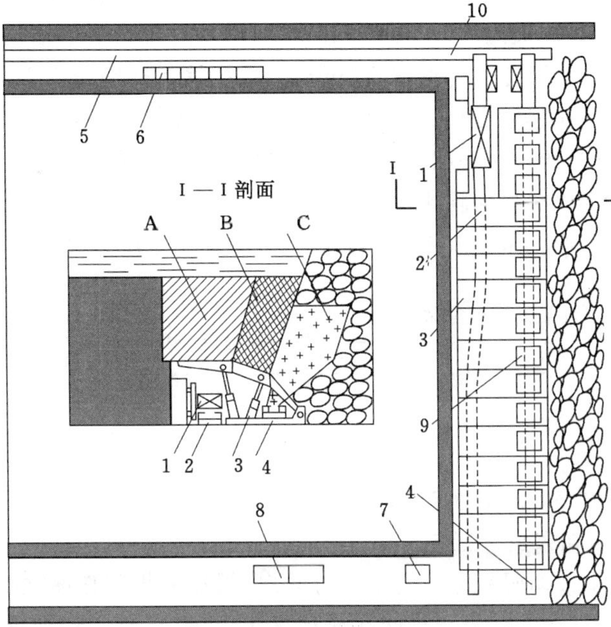

图 3-6　综放工作面设备布置图

1——采煤机；2——前部刮板输送机；3——综采放顶煤液压支架；
4——后部刮板输送机；5——平巷带式输送机；6——配电设备；7——安全绞车；
8——泵站；9——放煤窗口；10——转载破碎机；
A——不充分破碎煤体；B——较充分破碎煤体；C——待放出煤体

（二）放顶煤

根据顶煤放落的难易程度和采放比，确定放煤工艺参数。放顶煤工作应从下向上逐架或隔架依次进行，一般采放比小于等于1时，一轮放完，采放比大于1时，可以分两轮或多轮放煤。为加快工作面推进度，采放可平行作业，放煤滞后于移架10～15 m，在放煤过程中，如有严重片帮、支架前梁处漏顶等预兆，应减少放煤量或停止放煤。放煤工应密切注意顶煤的冒落情况，既要尽可能提高回收率，又要减少矸石进入煤流，降低灰分，当放煤口出现较多矸石时，应关闭放煤口。顶煤放完后，及时拉回后部输送机，防止窜矸。为防止后部输送机下滑，要求拉移后部输送机必须自下向上依次拉移输送机。放煤时应根据后部输送机的煤量控制放煤速度，且一般不超过两个放煤口同时放煤，以防压死后部输送机。中天合创煤矿煤层均比较容易放落，且采放比大部分都小于1∶1.5，因此采用一采一放工艺较多，其工艺流程如图3-7所示。

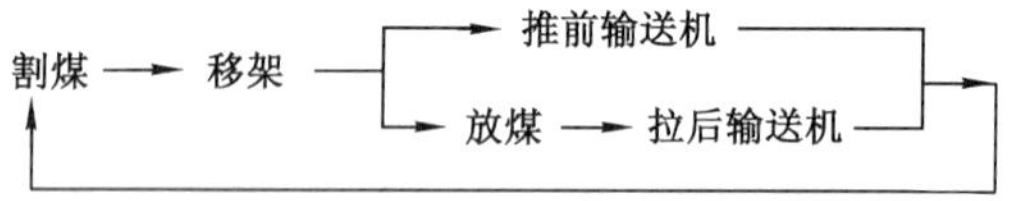

图3-7　工艺流程

1. 初采、末采放煤工艺

(1) 初采放煤工艺

推出开切眼后即做到了及时放煤，根据采煤工作面顶板的结构和顶煤的性质，为减小初次放顶煤步距，提高初采回收率，常采用深孔爆破技术和切顶巷技术。方法是在工作面开采前在开切眼外上侧沿顶板开掘一条与开切眼平行的辅助巷道，称为切顶巷。同时，在巷道的一帮打眼爆破，扩大切顶效果。

(2) 末采放煤工艺

一般可提前10 m左右停止放顶煤并铺顶网，但应注意解决好两个问题：一是选择合理的停采线位置，使撤架空间处于稳定的顶板条件之下；二是有效地防止后方矸石窜入工作面，即矸石应能够压住金属网。如不铺网，应在综放设备允许的坡度范围内加大爬坡度，减少放煤量，到停采线时，使支架基本贴近顶板，将易燃的碎煤变为底板上的实体煤。

2. 放煤步距

(1) 放煤步距定义：在工作面推进方向上，前后两次放煤之间工作面推进的距离。

(2) 确定放煤步距原则：顶煤充分破碎、提高采出率、减少煤矸混杂。

(3) 放煤步距影响因素：顶煤厚度、顶煤可放性、顶煤垮落角、直接顶厚度。

放煤步距影响因素如图 3-8 所示。放煤步距过大时，所需放出煤的体积也较大，若打开放煤口，随破碎顶煤的放出，上方矸石也将不断向放煤口移动，由于待放的煤较多，在上方矸石到放煤口后，其采空区后面仍有一部分顶煤没有放出，造成顶煤的过多损失；放煤步距过小时，后方矸石易混入放煤口，影响煤质，并容易误认为煤已放尽而停止放煤，造成上部顶煤的丢失。

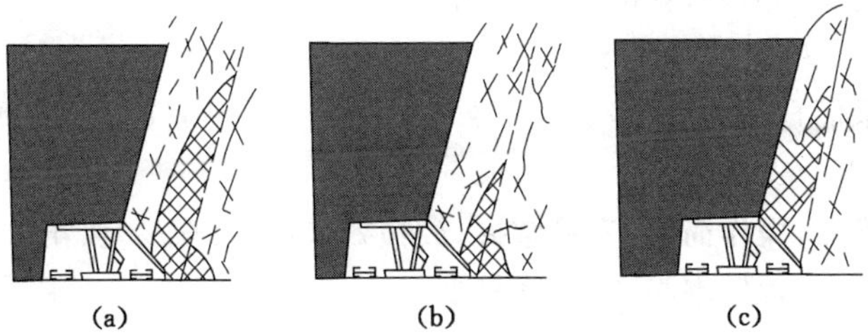

图 3-8　放煤步距影响因素示意图

3. 放煤方式

放顶煤工作面放煤顺序、次数和放煤量的配合方式有多轮、分段、顺序、等量放煤。具体分为以下几种：

(1) 采面分 2～3 段，段内同时开启两个相邻放煤口，每次放 1/2～1/3 的顶煤，按顺序循环放煤，直至该段全部放完，再进行下一段放顶煤。

优点：可使冒落煤岩分界面均匀下降，采出率高，含矸率低，放煤净。

缺点：要求操作水平高。

适用:顶煤厚 3 m 以上。

(2) 多轮、间隔、顺序、等量放煤。

放煤顺序为先放 1#、3#、5#、7#…每次放 1/2～1/3 的顶煤;后放 2#、4#、6#、8#…每次放 1/2～1/3 的顶煤;反复两三轮。

优点:可使冒落煤岩分界面均匀下降,采出率高,含矸率低,丢煤少。

适用:顶煤厚 3 m 以上。

(3) 单轮、间隔放煤。

先放 1#、3#、5#…支架的顶煤,见矸关闭放煤口;滞后一定距离放 2#、4#、6#…支架的顶煤,直至全部放完。

优点:操作简单,容易掌握;放顶效果好,丢煤少,含矸率低。

适用:煤层较薄时广泛采用。

(4) 单轮顺序放煤。

采面自下向上依次顺序放煤,每架一次放完,见矸关闭放煤口,直至全部放完。

优点:操作简单,容易掌握;放顶效果好,丢煤少,少出矸。

缺点:含矸率高,采出率较低。

适用:煤层薄时采用。

4. 放顶煤的安全注意事项

(1) 放煤前先检查支护情况,如有空顶、漏顶、歪架等,停止该处放煤。

(2) 先开后部输送机,后放煤。放煤时先观察后部输送机位置和煤量,如输送机滞后或煤量过大,应停止放煤。

(3) 放煤时,支架后边不能有人员作业或逗留,放煤工要站在支架内安全位置操作。

(4) 支架尾梁和插板高度必须满足运煤及挡矸要求。

(5) 大块煤卡住放煤口时,严禁用炸药爆破。

(6) 放煤后及时拉移后部输送机。

第四节　特殊地质条件下的采煤工艺

一、综采工作面过断层

（一）工作面过断层的方法

1. 工作面遇断层前的预兆

煤（岩）层的走向、倾向发生明显变化，顶、底板的完整程度破坏严重，裂隙增多；煤质变软，光泽变暗，煤层层理不清；有时还有滴水和瓦斯涌出量增多的现象。

2. 综采工作面过断层的方法

（1）搬家跳采：当工作面中部、端部遇落差较大、走向较长的垂直断层或斜交断层时，为躲过断层影响区，可在工作面前方重新掘开切眼，工作面设备搬迁到新切眼后继续向前推进。

（2）开掘绕巷：当工作面端部遇到难以通过的断层时，在探明断层影响范围后，开掘绕道缩短工作面长度，甩掉断层影响区。

（3）放弃综采：当综采工作面设计因断层等地质构造影响难以实现时，或综采工作面开采过程中发现难以通过的断层时，可放弃综采开采方法，改用其他方法开采。

（4）直接硬过：当断层落差小于采高的 2/3，断层影响范围小于 30 m，断层处围岩的坚固性系数$f<10$时，工作面可以直接通过断层。

（二）综采工作面过断层的措施

1. 调整工作面与断层线的夹角

如果工作面与断层线互相平行或夹角小，则断层在工作面的暴露范围大，顶板难以维护；工作面与断层线夹角大，则通过断层带的时间长，但暴露面积小，顶板易维护。

在通过断层前预先调整工作面，使其与断层保持一定夹角。

一般认为，对于中等稳定以上顶板，工作面与断层线夹角以 20°～30°为宜；对于不稳定顶板，工作面与断层线夹角可调到 30°～45°。

缺点：使工作面长度加长；给生产带来不利影响或增加了三角煤损失。

2. 处理断层处的岩石

当断层岩石坚固性系数 $f<4$ 时，可用采煤机直接截割，但采煤机牵引速度应控制在 2～3 m/min。当断层岩石坚固性系数 $f>4$ 时，则采用打浅眼、少装药、放小炮的爆破方法，预先挑顶或挖底。打眼时，要选择好炮眼的位置和角度，爆破时要在支架前悬挂挡矸胶带，必要时还需在液压支架的立柱外面套上胶皮防护筒，防止崩坏立柱及千斤顶。

有的矿不采用爆破方法，而是用风镐处理断层处的岩石。

3. 液压支架通过断层的措施

过断层时，如果断层处煤层在工作面推进方向的上方，则用截割方法逐步割顶或割底；岩石硬时用爆破的方法挑顶或挖底，使支架按选定的仰斜坡度逐步通过断层。如果断层在工作面推进方向的下方，则可用截割或爆破的方法挖底，尽量不挑顶，使支架按选定的俯斜坡度通过断层。

用掩护式支架和支撑掩护式支架比支撑式支架更为有利。

液压支架过断层时应随时注意支架的工作状况，防止歪斜倒架，及时采取防倒措施。

4. 断层处顶板控制

(1) 在断层区域内移架的措施：① 采用隔一架移一架的移架方式；② 随采煤机前滚筒割煤立即移架；③ 采用带压擦顶前移，不得降柱太多，尽量减少顶板松动。

(2) 超前打锚杆支护：超前打锚杆锚固顶板，打木锚杆锚固煤壁，防止煤壁片帮。

(3) 抬棚支护：如果支架不能超前支护，要在支架前方架抬棚，抬棚上用两梁接顶，抬棚用两柱支撑。移架时可先移中间的支架，用前探梁托住抬棚，再分别拉两边的支架。

(4) 采用锚杆或化学加固方法加固破碎顶板。

二、工作面淋水过大

综采工作面淋水过大，增加了工作面管理难度，尤其是刮板输送机的管理难度。为保证正常生产，工作面的防治水工作必须做到以下几点：

(1) 生产中密切关注工作面淋水情况，特别是淋水情况发生变化时，及时分析原因，采取应对措施。

(2) 密切注意顶板、煤层变化，加强顶板、煤壁管理。顶板破碎时可采取液压支架上铺设金属网、移超前架、超前支护、用好液压支架的护帮板等有效措施，管理好顶板和煤壁。移架时尽量采用带压移架。

(3) 工作面淋水过大时，工作面及巷道的低洼处应有水仓。工作面及巷道系统必须预先设置好排水系统，做到有水必排。

(4) 工作面淋水过大，在采面停止工作时，必须每隔一段时间空载开动工作面刮板输送机，防止输送机因淋水和浮煤而淤死，影响生产。

(5) 工作面淋水过大，机械电气设备必须采取防潮防锈措施，特别是采煤机、液压支架的防潮防锈工作尤其重要。

三、综采工作面过空巷的处理措施

按空巷与工作面相对应的空间位置，可分为本层空巷、上层空巷和下层空巷三种。

1. 空巷的特征

空巷多受采动影响，均有程度不同的变形与破坏。支护变形、支柱插底、巷内未回收的残留杂物等，会给工作面生产带来极其不利的影响。有些空巷废弃后积聚水、瓦斯和其他有害气体。工作面与空巷沟通后极易造成工作面通风系统紊乱，甚至造成风流短路。

2. 过空巷的原则

(1) 应沟通新鲜风流。

(2) 排放积水。

(3) 回收空巷内杂物。

(4) 对空巷事先修复。

3. 过空巷的方法

当空巷位于本煤层时，空巷修复的高度应与工作面采高一致。空巷位于工作面顶板岩层时，应采取架木垛、打密集支柱的办法做成假顶，使上覆岩层压力均匀传递到工作面支架上。

空巷位于底板岩层中时，应把空巷填实封严，以防止支架通过时下陷。

第四章　SL 300 型采煤机

SL 300 型采煤机由左右截割单元、左右牵引部和链轮箱、电气等单元等组成，如图 4-1 所示，其中摇臂截割装置为整体调高，它包括滚筒、齿轮箱和电动机等部分。调高油缸装在底托架下的框架内。SL 300 型采煤机中的 S 代表采煤机（shearer），L 代表长臂综采面（longwall）。

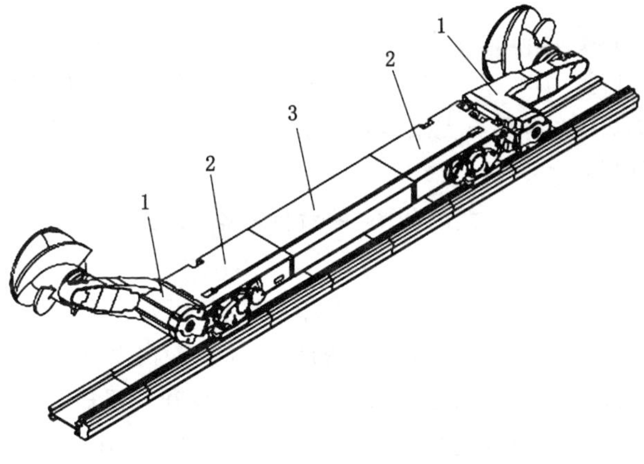

图 4-1　采煤机总体布置图

1——截割单元；2——牵引部和链轮箱；3——电气单元

一、特点

（1）抽屉式结构，使布置一目了然，维护维修非常简便。

(2) 大功率多电动机横向布置,交流电牵引,结构简单,运行可靠。各电动机均可方便从机器采空区侧拆装,减少维护工作量和时间。

(3) 滚筒转速为 46 r/min,低速强力截割可降低比能耗和煤尘,提高块煤率。

(4) 摇臂长达 2 325 mm,二级行星传动。由于转速低、扭矩大,故可配大直径(1 200～2 200 mm)滚筒,以适应截割硬煤和矸石的需要。摇臂采用带铰接加长杆的调高油缸(油缸装在底托架下的框架内),使摆角增大,可获得更大的采高和较大的下切深度。

(5) 采用交流变频电牵引系统牵引,实现牵引速度无级变速。电牵引传动效率高,牵引力大。电动机尺寸小,可靠性高,维修量小。

(6) 采煤机装有微型计算机,具有工况监控,故障诊断,数据采集、处理、显示和传输系统,可记忆存储有关运行工况数据,进行记忆割煤,并具有与支架 MCU 系统通信功能,可实现工作面的自动化割煤过程。

(7) 为了增大截割功率,两台截割电动机采用 3.3 kV 高电压供电。

(8) 设有内外喷雾装置,冷却、降尘效果好。

(9) 出厂前经过全面严格的元部件和整机型式试验。摇臂和截割传动系统等均做了满载运行、效率、温升及扭矩和弯曲受力和应变检测,牵引系统也做了正反向满载效率、温升试验,液压系统也都做过压力流量满载温升试验,机器可靠性高。

二、主要技术参数

主要技术参数如表 4-1 所示。

表 4-1　　主要技术参数

参数：

用户	中天合创
型号	Eickhoff SL 300
设备编号	6905
艾柯夫内部编号	072004206
版本	2015

功率参数：

	功率/kW	电压/V
截割电动机	2×480	3 300
牵引电动机	2×80	460
泵电动机(液压)	2×9	600
装机总功率	1 138	

转速：

截割滚筒	46 r/min

总质量：

包括截割滚筒	50 t

工作面供水量：

流量	248 L/min
水的压力(进水)	最大 100 bar； 最小 20 bar (1 bar＝10^5 Pa)
冷却水进水温度	最高 30 ℃

使用条件：

	坡度
横向最大倾角	±15°
纵向最大倾角	±30°

三、主要外形尺寸

主要外形尺寸如图 4-2 所示。

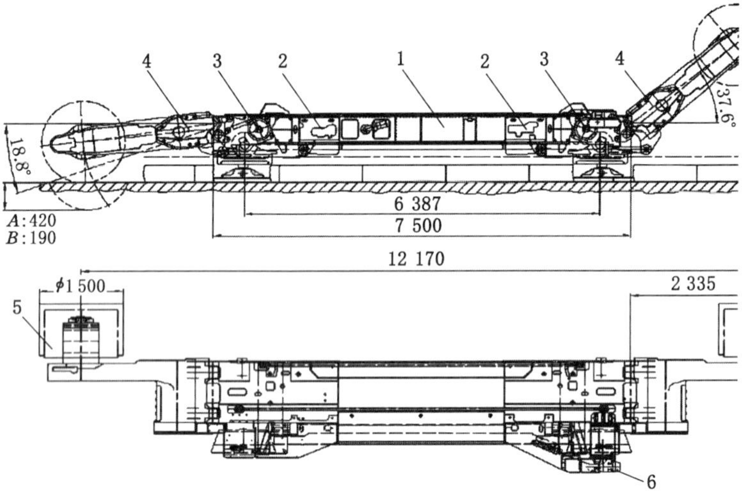

图 4-2　采煤机外形尺寸

1——电控箱；2——电牵引箱；3——链轮箱；4——截割单元；5——滚筒；6——拖缆装置；A——理论卧底量；B——实际卧底量

第一节　SL 300 型采煤机的结构

SL 300 型采煤机的结构主要由截割单元、牵引部和链轮箱、电气单元组成。

一、截割单元

SL 300 型采煤机的截割部位于采煤机的机身两端，由左右摇臂、截割电动机、左右螺旋滚筒等组成，主要起截煤和装煤的作用。如图 4-3 所示。

下文主要介绍截割部的主要部件及其作用。

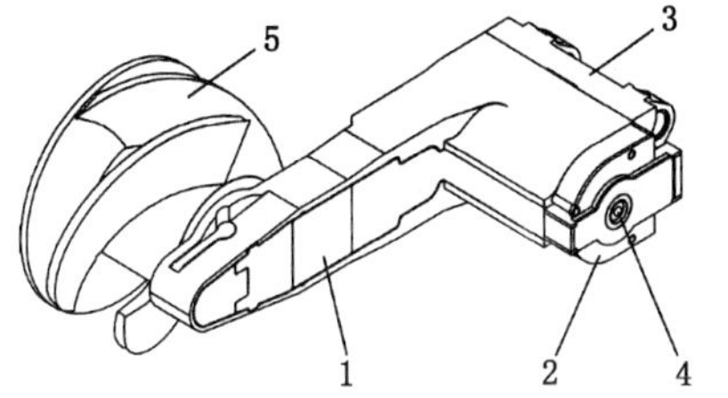

图 4-3　截割部示意图

1——摇臂；2——截割电机；3——摇臂连接架；4——离合器及剪切轴；5——截割滚筒

动力元件：截割电动机——由电能转换为机械能。

传动元件：摇臂减速箱——能量传递。

执行元件：滚筒——完成落煤和装煤任务。

附属元件：摇臂支撑座——调高油缸等。

图 4-4 所示为截割摇臂齿轮传动系统，相关参数如表 4-2 所示。

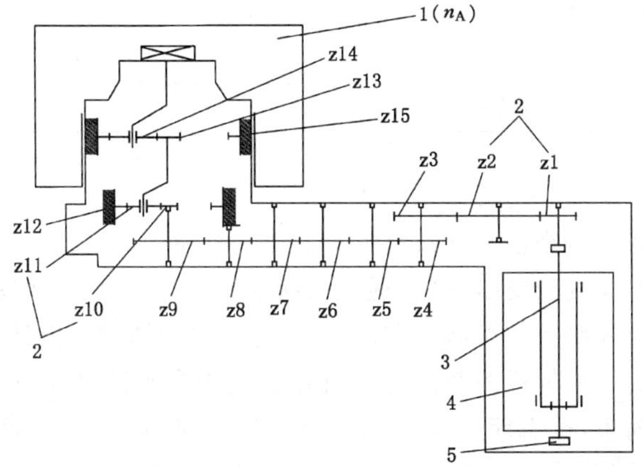

图 4-4　截割摇臂齿轮传动系统

1——滚筒；2——减速齿轮；3——剪切轴；4——截割电动机；5——离合器

表 4-2　　相关参数

齿轮	齿数	模数/mm	转速/(r/min),传动比 $i=32.26$
z1	21	8.0	1 484
z2	30	8.0	1 039
z3	28	8.0	1 113
z4	16	8.5	1 113
z5	31	8.5	574
z6	30	8.5	594
z7	31	8.5	574
z8	30	8.5	594
z9	26	8.5	685
z10	37	4.5	685
z11	28	4.5	651
z12	95	4.5	0
z13	23	7.0	192
z14	24	7.0	140
z15	73	7.0	0
滚筒转速(n_A)			46.0

1. 截割部动力元件——电动机

采煤机每个截割部都由独立的电动机驱动。电动机直接安装在摇臂壳体内的安装孔中,通过二级正齿轮和一个双行星减速器将动力传递给截割滚筒。在调高时,电动机与摇臂一体升降,实现整体调高。采煤机的截割电动机是交流防爆水冷电动机,其优点是结构简单,过载能力大,不宜堵转;缺点是直接启动,启动电流大,对电网的冲击大,频繁启动会产生过热现象。

(1) 更换截割电动机

电动机如图 4-5 所示。

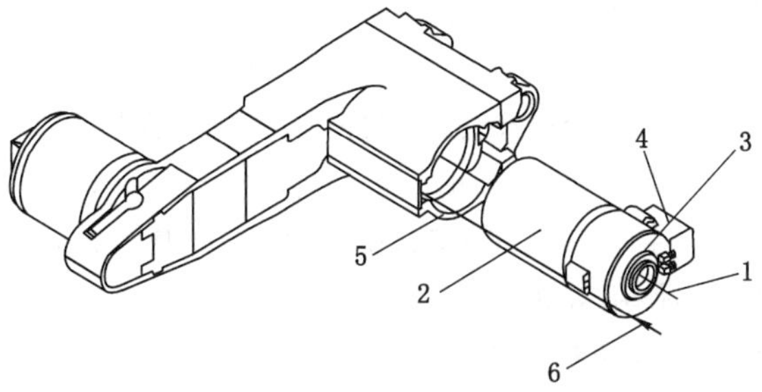

图 4-5　电动机

建议采用以下步骤拆装电动机：

① 拆下电动机扭矩轴 1。

② 拆卸电动机盖 3 与电动机的紧固螺栓，拆下护盖，即电动机盖 3。

③ 拆下带有喇叭嘴的电缆 4，然后拆下冷却水进路和回路。

④ 从放截割电动机 2 的摇臂外罩 5 上拆下六角螺栓 6。

⑤ 用 M16 六角螺栓拧入顶丝孔抽出截割电动机 2，然后用配套的吊装设备更换截割电动机 2。

⑥ 装入新的截割电动机 2。

⑦ 上紧截割电动机 2 上的六角螺栓 6。

⑧ 连接冷却水进路和回路。

⑨ 连接带有喇叭嘴的电缆 4。

⑩ 装入电动机扭矩轴 1。

（2）输入扭矩轴的结构原理

① 结构特点：采用了渐开线花键扭矩轴装置，可以起到机械过载保护的作用。具体简述如下：在贯通的转子轴内套装有一个特制细长的扭矩轴，从电动机后端盖装入并伸到前端，插入摇臂减速机构中的第一级直齿轮内。这个轴中部细，两端略粗并带有外花键，在后端以内（靠采空侧）的轴上有圆弧形凹槽细颈，细颈尺寸

是按电动机额定扭矩的3倍而设计的,过载时从此处扭断。如果扭矩轴的扭断扭矩值设置太大,则会导致内部结构件的损坏或电动机的烧坏。如果滚筒突然受到冲击或闷车,负载超过转矩时,首先将扭矩轴从细颈处扭断而不至于损坏此轮和其他零件,起到机械过载作用。由于它是细长轴,挠性好,可以减缓冲击,从而可以提高传动件的使用寿命。

② 更换电动机扭矩轴和离合器,如图4-6所示。

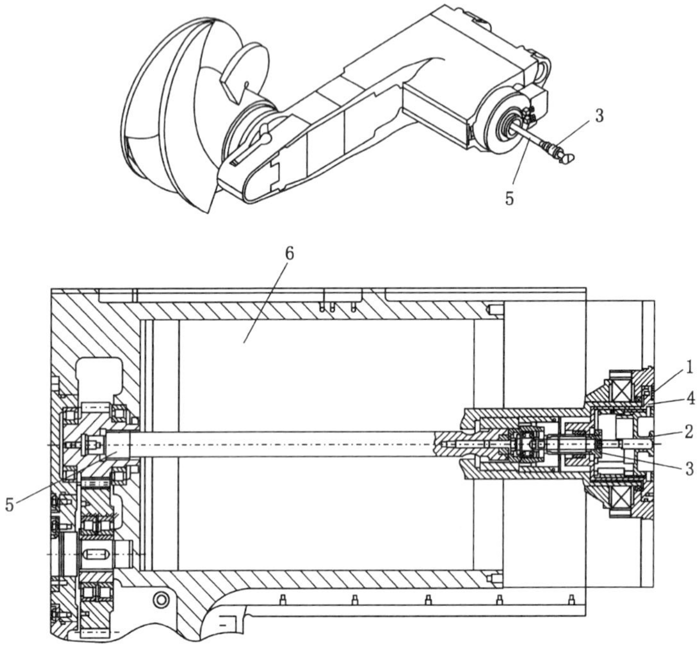

图4-6　扭矩轴和离合器

建议采用以下步骤:

如果电动机扭矩轴5损坏,离合器必须在井下全套更换。截割电动机6断电并且确保不会再次启动,将盖板2拆卸,通过拉拧把手打开。

a. 拧下支撑套 4 的紧固螺栓 1，拆下支撑套 4，并在采空侧从截割电动机 6 上拆下带有离合装置 3 的电动机扭矩轴 5。

b. 用 M12 螺杆将轴拆出。

c. 将准备好的装有离合装置 3 的新扭矩轴 5 装入截割电动机 6，使离合器处于非啮合位置。

d. 用螺栓 1 紧固离合装置 3 的支撑套 4。

e. 闭合和打开两遍离合，以检验离合 3 的开关。

f. 在地面车间里将损坏的轴从拆卸下的离合器上取下，然后将新的轴装上。

g. 接通截割电动机 6 检查离合装置 3 的开启状态：必须闭合。

2. 截割部传动元件——摇臂减速箱

SL 300 型采煤机截割部减速器（摇臂）扭矩通过与电动机转子空心轴套装的扭矩轴，经离合器带动两组直齿传动和两级行星减速，从输出方轴输出 46 r/min 的转速，带动滚筒截煤。摇臂连接座通过液压预张紧螺杆与摇臂连接，通过更换摇臂耳板可实现左右摇臂的互换。

3. 截割部执行元件——截割滚筒

螺旋滚筒是目前采煤机使用最广泛的截割机构。SL 300 型采煤机采用镐型截齿强力截割滚筒，滚筒直径为 1 200～2 200 mm，截深为 650～1 000 mm。这种滚筒工作机构简单，工作可靠，滚筒经久耐用，且装煤效果良好，但截煤的块度小，煤尘较多。

（1）更换截齿、齿套和喷嘴

镐形截齿通过截齿套安装在齿座上，尾部用卡环固定，拆装简单，可靠性高，截齿头部焊有硬质合金核。截齿在齿套内可自由转动，在截煤的过程中有自磨利作用，而且形状简单，制作比较容易，一般在脆性煤和节理发达的硬质煤中使用，具有良好的截割性能。如图 4-7 所示。

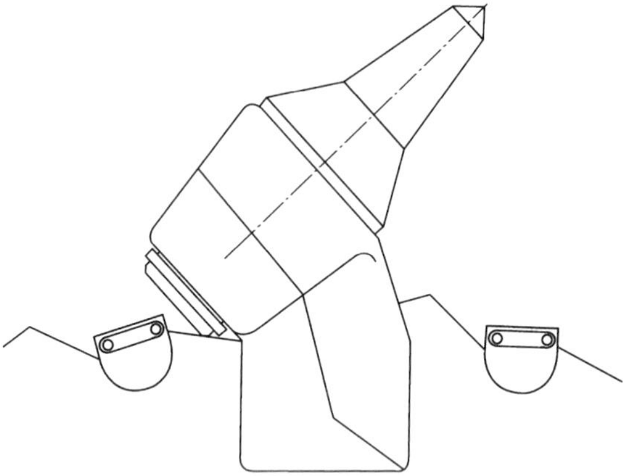

图 4-7　截齿

建议采用以下步骤对截齿、齿套和喷嘴进行拆装：

① 降低截割滚筒，截齿不能触地。注意：关闭运输机；确保机器不要在斜坡上有滑动的危险；更换截齿时，机器必须断电，以防止发生疏忽性的启动。

② 拆下卡环，拆下齿套和截齿。

③ 用卡环将新齿套或截齿装入齿座。

④ 拆下旧喷嘴换上新喷嘴。

(2) 滚筒

① 开机前滚筒的检查和注意事项如下：

a. 检查滚筒上截齿和喷嘴是否处于良好状态，若发现截齿刀头部分严重磨钝，应及时处理并更换。

b. 检查滚筒上截齿和喷嘴是否齐全，如发现丢失应及时补上。

c. 检查截齿和齿套的固定是否牢固可靠。

d. 检查喷雾管路系统是否漏水，水压是否符合要求。

e. 检查滚筒螺栓是否松动，以防滚筒脱落。

f. 要做到先给水、后开机，先停机、后停水，以防喷嘴堵塞固化。

g. 司机操作时，要防止滚筒切割支架前梁和输送机铲煤板等金属构件。

② 更换滚筒，如图 4-8 所示。

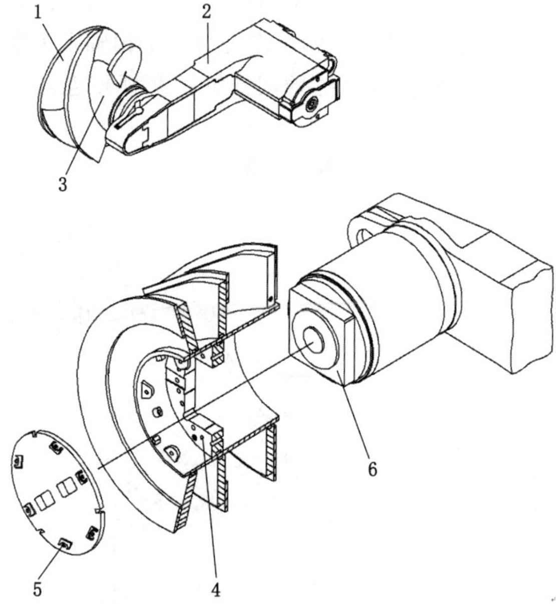

图 4-8　滚筒

建议采用以下步骤更换滚筒：

a. 拧下六角形螺栓 5，拆下滚筒端盖。

b. 拆下滚筒 1 和摇臂 2 之间的连接水管。

c. 拧下六角形螺钉 4，将滚筒 1 从摇臂 2 的端盖 6 拆下。

d. 更换新的螺旋滚筒 1。

e. 将滚筒 1 套上在摇臂 2 的安装位置。

f. 用六角形螺钉 4 将滚筒 1 紧固在摇臂 2 的端头 3 上。

g. 装上滚筒 1 和摇臂 2 之间的连接水管。

h. 用六角形螺栓 5 和螺帽将端盖紧固到滚筒上。

4. 截割部附属元件——摇臂支撑座、调高油缸

(1) 支撑座的作用

摇臂与机身间用支撑座铰接,其上方 4 个耳子用 2 个销轴将摇臂与机身连接起来,使得摇臂可围绕这 2 个销轴上下摆动;其下方的 2 个耳子用一个销轴把摇臂同油缸活塞杆相连,油缸的液压力是摇臂摆动的动力。

① 摇臂支撑座注油,如图 4-9 所示。

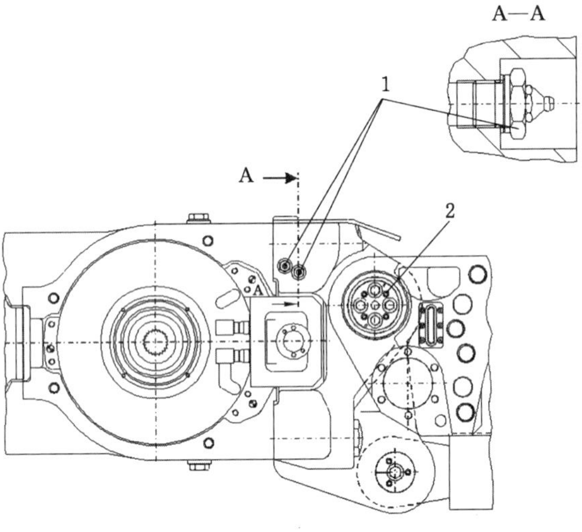

图 4-9　摇臂支撑座注油位置

通过油脂挤压设备连接到锥形嘴 1 处对截割部的摇臂托架连接孔进行润滑。设备完全组装完成后对润滑位置按规定剂量进行润滑。在随后的对液压系统的检查中,摇臂的升降会使润滑油脂

均匀分散开。在每日检修中对连接孔进行注油，直到新鲜的油脂从轴承位置 2 被挤出。

② 更换摇臂支撑座，如图 4-10 所示。

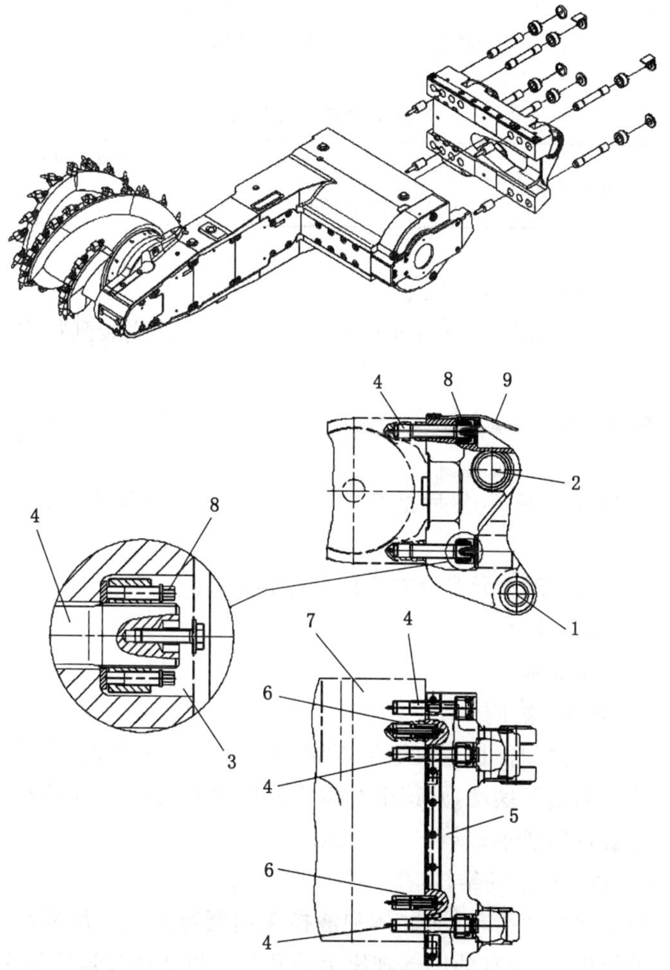

图 4-10　摇臂支撑座

建议采用下列步骤更换摇臂支撑座：

a. 拆下盖板 9。

b. 拆下截割单元和油缸之间的连接件 1。

c. 拆下截割摇臂和牵引箱体之间的铰接轴 2。

d. 拆下盖板 3，然后拆下锤头螺栓 4(表 4-3)。

表 4-3　　　　锤头螺栓的相关参数

	预张紧力/kN	拉紧力矩/(N·m)
锤头螺栓	1 250	12×156

e. 卸下摇臂支撑座 5。

f. 将新的摇臂支撑座 5 沿着销子 6 插入，并安装到摇臂 7 的位置。

g. 横向插入锤头螺栓 4 和螺母 8，使用液压张紧装置和工具拧紧。

h. 安装盖板 3，然后把截割装置安装在牵引箱上，安装铰接轴 2。

i. 装上截割单元和油缸之间的连接件 1。

j. 安装盖板 9。

(2) 调高油缸

① 调高油缸的作用

调高油缸的伸长与收缩给摇臂的升降提供了动力，使摇臂在规定范围内上下摆动，并锁定在需要的位置上，以满足采煤机的采高和卧底量的要求。

② 调高油缸的结构

调高油缸由吊环、油缸体和液控单向阀等组成。吊环与摇臂通过轴销连接，油缸的尾部缸座上的孔与主机架通过轴销相连。

③ 更换油缸阀组(图 4-11)

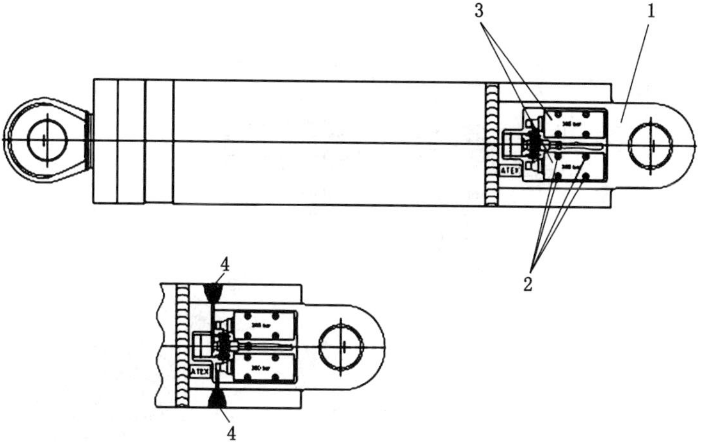

图 4-11　油缸阀组

注意：在拆卸阀组前，将摇臂支撑住或落在地板上，然后拧开阀组的泄油堵卸压。

油缸 1 的阀组应按照以下步骤进行拆装：

a. 拧开紧固螺钉 2，拆卸安全阀 3。

b. 用紧固螺钉 2 将新的安全阀 3 固定在油缸 1 上。

④ 更换油缸（图 4-12）

注意：在拆卸阀组前，将摇臂支撑住或落在地板上，然后拧开阀组的泄油堵卸压。

建议采用以下步骤拆装油缸：

a. 拆下盖板 1 和 2。

b. 取下锥形衬套 5 和 6 的连接堵头 4。

c. 拧下六角螺栓 3。

d. 通过顶压螺栓将锥形衬套 5 和 6 松开并取下。

e. 拆下销子 7 并缓慢降下油缸 8。注意：管路 9 与油缸连接

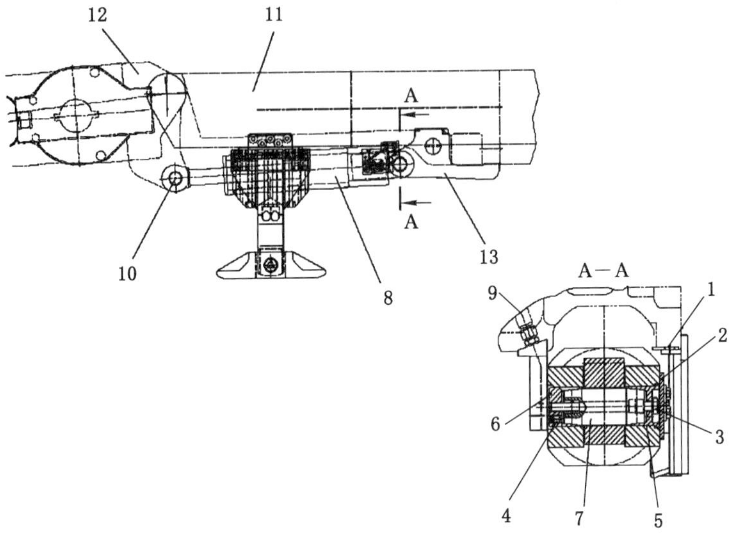

图 4-12　液压油缸

着，降下油缸 50～100 mm 并拆下管路 9。

f. 从截割单元 12 和油缸 8 上拆下连接部件 10。

g. 将油缸 8 从采煤机左侧和右侧的机身上抽出。

h. 将新油缸 8 从牵引部 11 下边的左侧和右侧确定安装位置。

i. 将油缸 8 置于转接器 13 的耳孔并安装管路 9，然后将销子 7，锥形衬套 5 和 6 通过六角螺栓 3 安装。

j. 油缸 8 的活塞杆置于截割单元 12 的安装位置并安装连接部件 10。

二、牵引部

SL 300 型采煤机有两个电牵引部，分别装在主机身电控箱、变压器箱和液压部的两端，分别由两台 80 kW 的交流电动机拖动。如图 4-13 所示，采煤机的牵引部由左右两套结构相同的牵引电动机和齿轮减速箱组成。

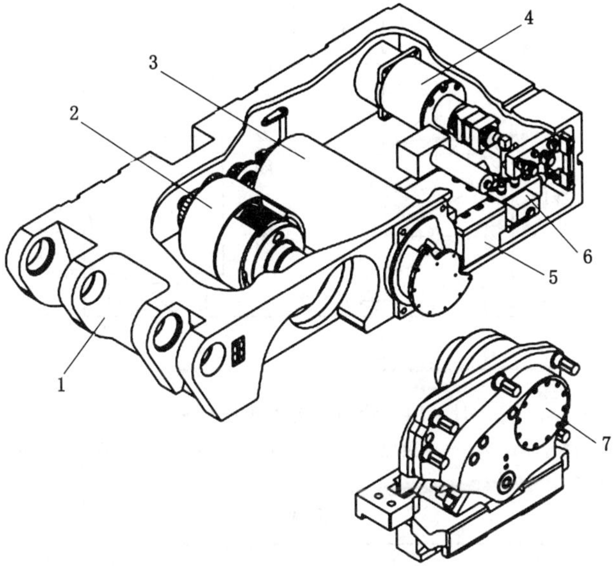

图 4-13　牵引部

1——牵引箱体；2——牵引齿轮箱；3——牵引电动机；4——液压驱动单元；5——液压控制单元；6——水路分配系统；7——链轮箱

下文主要介绍牵引箱的齿轮传动系统。

牵引箱的齿轮传动系统如图 4-14 所示，相关参数如表 4-4 所示。

1. 行走系统动力元件——牵引电动机

(1) 牵引电动机

SL 300 型采煤机左右牵引部中各装有一台交流防爆水冷电动机。电动机的主要技术参数如表 4-5 所示。

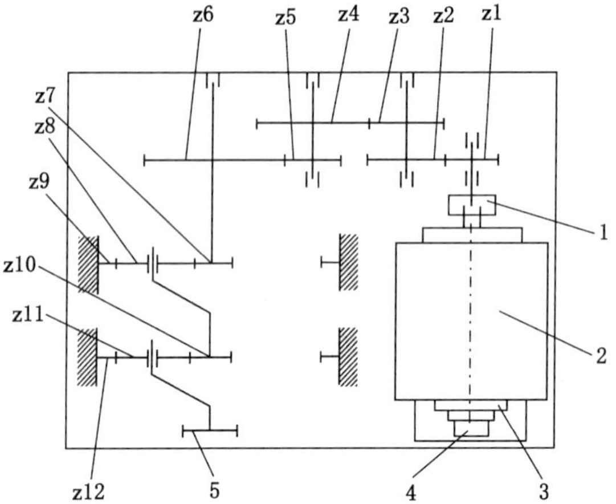

图 4-14 牵引箱的齿轮传动系统

1——齿式离合器;2——牵引电动机;3——制动闸;4——编码器;5——驱动轮

表 4-4　　相关参数

齿轮	齿数	模数/mm	转速/(r/min),传动比 i=95.9	
			50 Hz	120 Hz
z1	35	3.5	1 500	3 600
z2	51	3.5	1 029	2 471
z3	39	3.5	1 029	2 471
z4	44	3.5	912	2 190
z5	24	4.0	487	1 168
z6	45	4.0	487	1 168
z7	14	4.0	487	1 168
z8	35	4.0	167	401
z9	85	4.0	0	0
z10	20	5.0	69	165

续表 4-4

齿轮	齿数	模数/mm	转速/(r/min),传动比 $i=95.9$	
			50 Hz	120 Hz
z11	23	5.0	46	111
z12	68	5.0	0	0
驱动轮转速(n_A)			15.64	37.54

表 4-5　　牵引电动机的主要技术参数

型号	直流防爆水冷电动机
功率(频率为 50 Hz)	80 kW
转速(50 Hz)	1 480 r/min
转速(120 Hz)	3 530 r/min
电压	460 V
电流	130 A
最小冷却水流量	10 L/min
最大工作压力	35 bar
质量	730 kg

(2) 更换牵引电动机

牵引电动机如图 4-15 所示。

① 建议拆除时采用以下步骤:

a. 从运输机齿轨座上拆下挡煤板,拆下离合器。

b. 拆下牵引电动机的盖板。

c. 将牵引减速器的齿轮油降低到齿轮油不能从电动机输出轴露出的油位水平。拆出牵引电动机以后,减速箱体被打开。

d. 拧下用于固定牵引电动机的六角螺栓。

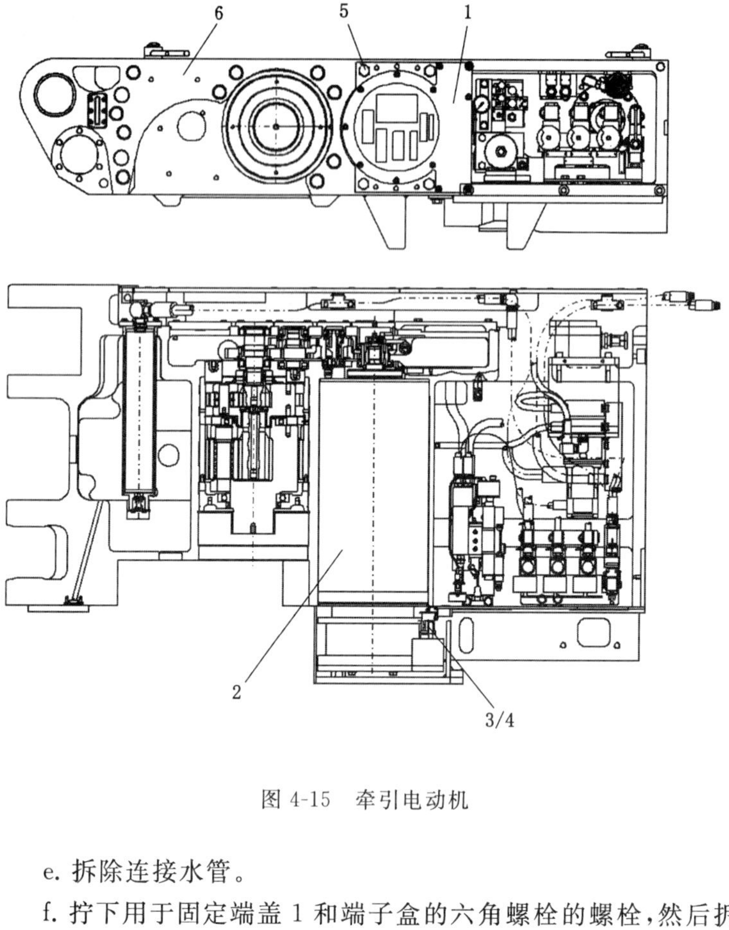

图 4-15　牵引电动机

e. 拆除连接水管。

f. 拧下用于固定端盖 1 和端子盒的六角螺栓的螺栓，然后拆去盖板。

g. 确保所有的电缆做上标记，把电缆 4 从接线端子上拆下，从接线端拆除喇叭口 3 和电缆 4。

h. 用六角螺栓连接端盖 1 固定到端子盒上。

i. 拧下用于固定牵引电动机 2 和牵引箱体 6 的六角螺栓 5。

j. 用 M20 专用螺栓从顶丝孔处将牵引电动机 2 顶出并从采空区抽出。

② 建议重装时采用以下步骤：

a. 将牵引电动机 2 外壳涂上防锈剂或组合剂 PBC TP492。

b. 将牵引电动机 2 就置在牵引箱体 6 中的安装位置。通过 M24 螺杆将牵引电动机尽可能地向里推。六角螺栓先不用上。

c. 如果电动机装入时轴齿轮达到啮合的位置，可在采空区侧卸下端盖 1 找到调整孔，用 8 号六角螺杆转动调整齿轮。

d. 拧下固定端盖 1 和连接箱体的螺栓，并拆去端盖子。

e. 装入电缆 4 和喇叭口 3，在连接箱体中连接电缆 4 到接线端上。

f. 用六角螺栓连接端盖 1 到连接箱体上。

g. 在牵引电动机 2 上接冷却水管。

h. 啮合牵引离合器。

i. 核实安装好的牵引电动机 2 的转动方位。

j. 拆去 M24 螺杆并用六角螺栓固定电动机，装上端盖 1。

2. 行走机构传动系统——牵引减速箱

电牵引采煤机行走齿轮箱采用了单电动机独立驱动，模块式结构设计，使传动系统和结构大为简单。

牵引减速传动系统：牵引电动机转矩通过三级直齿减速和两级星减速输出，与驱动轮连接，外与链轮箱连接，驱动采煤机在工作面沿刮板输送机往返行走。

3. 行走系统执行元件——行走箱

SL 300 型采煤机采用无链牵引方式配套，该方式是通过牵引行走箱中的齿轨轮与位于输送机槽帮上沿输送机铺设的销排相啮合传动的。行走箱由驱动轮、传动轮和齿轨轮等组成，齿轨轮的轮齿与销排中的销轴啮合，驱动采煤机牵引运行。安装在驱动机构下方的导向滑靴与销排配合，在采煤机牵引运行过程中起到支撑导向作用，保证齿轨轮与销轴的正常啮合。

(1) 行走箱齿轮传动系统

图 4-16 所示为行走箱齿轮图，相关参数如表 4-6 所示。

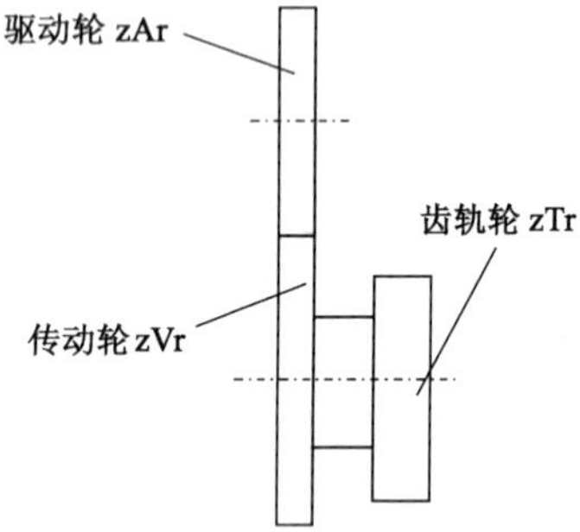

图 4-16　行走箱齿轮图

表 4-6　　相关参数

齿轮	齿数	模数/mm	传动比 $i=1.77$	
			额定速度/(r/min)，50 Hz	最大速度/(r/min)，120 Hz
zAr	13	20.0	15.64	37.54
zVr	23	20.0	8.84	21.22
zTr	10	46.8	8.84	21.22

(2) 齿轨轮(图 4-17)

齿轨轮拆除和重新组装建议采用以下步骤(注意：下一步的工作过程机器必须断电，以防止偶然性的再启动)：

① 从运输机齿轨座上拆除挡煤板，然后从机器左、右链轮箱 1 的行走轨道上拆除最近的齿轨(根据需要可拆除两个齿轨)。

② 轻轻地抬起机器，并在其下方放置木块。注意：将采煤机

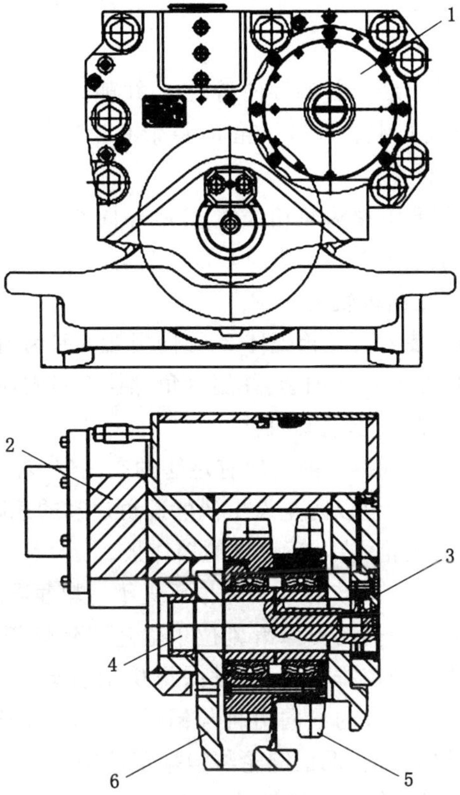

图 4-17　齿轨轮

机身抬高到可拆卸导向滑靴 6 和轴 4 即可。

③ 从齿轮箱壳体 2 上拧下用于紧固轴套的六角螺栓 3，拆下轴套，面向采空区侧拆下轴 4 时，如需要，可利用 M36～M48 的螺栓接头和 M48 的液压拉杆。

④ 抬起机器以便拆除齿轮箱壳体 2 中的齿轨轮 5 和导向滑靴 6，从齿轮箱壳体 2 下面拆除带有齿轨轮 5 的导向滑靴 6，取出

导向滑靴 6 中的齿轨轮 5,将导向滑靴 6 拉向齿轨间的空隙然后拆除。

⑤ 在齿轨上装上新的导向滑靴 6,并朝齿轮箱壳体 2 的前边推,在导向滑靴 6 中装入齿轨轮 5,将带有齿轨轮 5 的导向滑靴 6 推入齿轮箱壳体 2。

⑥ 降低机身调整齿轮箱壳体 2,使导向滑靴 6 和齿轨轮 5 中心孔与齿轮箱壳体 2 中心孔同心以便穿轴 4。注意:装入轴时使用配套工具来抬高齿轨轮。

⑦ 将轴 4 装入齿轮箱壳体 2、导向滑靴 6 和齿轨轮 5 的通孔,在齿轮箱壳体 2 上安装轴套,并用六角螺栓 3 紧固,抽掉垫木使机器压到导向滑靴 6 上,启动机器。

⑧ 开机器直到拆下的齿轨有足够的空间安装。注意:为了以下工作机器必须断电以防止发生偶然性再启动的危险。

⑨ 装上齿轨轮,装上运输机的挡煤板。

4. 行走机构附属装置——工作面支撑滑靴和导向滑靴

采煤机靠煤壁侧的支撑滑靴位于输送机铲煤板上,牵引链轮与刮板输送机上的销排啮合,驱动采煤机牵引运行。通过链轮销轴安装在牵引块下方的导向滑靴与销排配合,在采煤机运行过程中起到支撑导向作用,保证链轮与销排正常啮合。

(1) 导向滑靴的磨损测量(图 4-18)

每周应测量导向滑靴的磨损量,每次检测每个导向滑靴左侧和右侧的尺寸时应测量两次。

如果导向滑靴因磨损达到公差极限,导向滑靴应拆下,通过堆焊和再加工达到标称尺寸,不仅保证齿轨轮和齿轨条之间有足够的啮合间隙,而且应保证齿轨轮和齿轨可最佳地啮合。若齿轨相比全新状态磨损超过 5 mm,其已经不适合继续配合采煤机正常工作,这种情况下强烈建议用新齿轨更换已磨损的齿轨。

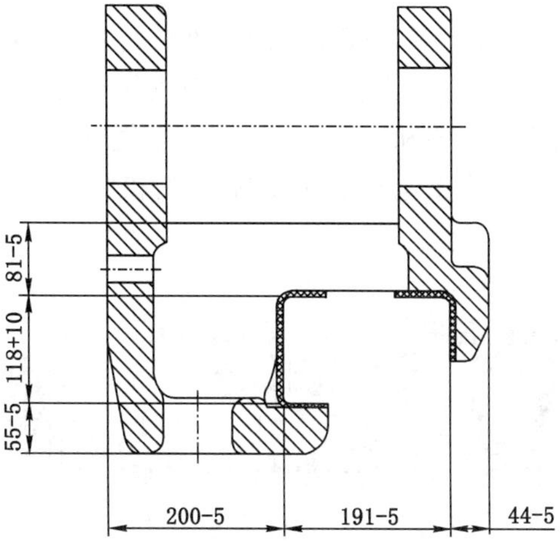

图 4-18　导向滑靴的磨损测量

(2) 支撑滑靴的磨损测量(图 4-19)

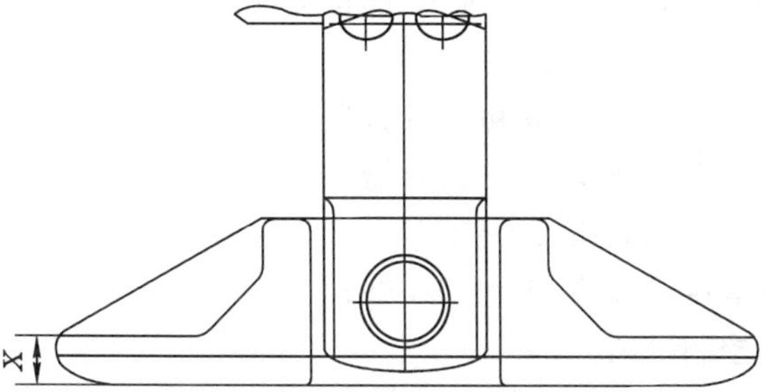

图 4-19　支撑滑靴的磨损测量

新滑靴在全新状态下的尺寸为 50 mm,如果这个尺寸不大于 40 mm,那么这个滑靴被磨损了,需要更换。

三、电气单元

采煤机电气单元是采煤机的组成部分，位于采煤机中部，在两个牵引部之间。电气单元主要由电控箱壳体、低压开关箱、高压开关箱、牵引控制开关箱和变压器箱组成。电气单元主要是对截割电动机、牵引电动机和泵电动机的控制、监测和保护。图4-20所示为电控箱。

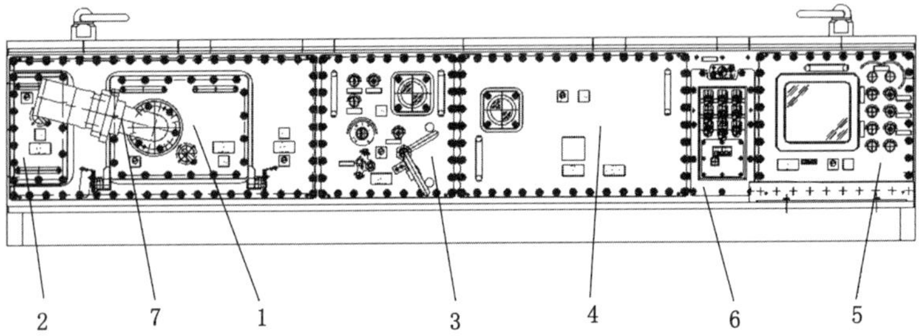

图4-20 电控箱

电气单元由三个可以抽拉的电控箱壳体组成，每个箱体内装有以下电器组件：

(1) 高压开关箱，接触器抽拉单元(变频器保险)；

(2) 高压隔离箱，高压接触器；

(3) 高压隔离箱，断路器；

(4) 低压隔离箱，牵引控制器；

(5) 控制隔离箱；

(6) 本安传感器设备的连接点；

(7) 主电缆接入(Victor插头和插座)；

(8) 电缆接入(电动机电缆)。

四、附属装置

(一) 电缆拖移装置及电缆、水管

在生产过程中，采煤机的动力电缆和供水管在工作面的大部

分是随机往返移动的，这就需要通过电缆拖移装置以及保护电缆、水管的电缆夹来实现。电缆拖移装置是固定在采煤机上连接电缆夹的装置；电缆夹是铺设在工作面刮板输送机电缆槽中，用以固定采煤机动力电缆和供水管，保护电缆、水管在随机移动过程中不受拉力和损伤的装置。电缆夹的铺设长度一般为工作面长度的 1/2 略多。

（二）冷却喷雾系统

采煤机冷却喷雾系统主要由水箱、喷雾泵、供水阀、水分配阀、减压阀、冷却器、电动机冷却水套、电控箱冷却水套、摇臂冷却水套、水管、接头、外喷雾装置、内喷雾装置、喷嘴等组成。

其主要作用是：

(1) 内外喷雾装置利用压力水降低采煤机在截煤和装煤过程中产生的煤尘，保护工人的健康。

(2) 冷却各部电动机、电控箱，保证电气设备工作正常。

(3) 冷却摇臂，给机械传动部分降温，减少因温升而引起的故障。

(4) 冷却液压油箱，保证液压系统的工作正常。

第二节　液压系统的工作原理

液压系统主要完成左右摇臂升降、顶保护板升降和外喷雾架升降等功能。液压回路的控制阀块有两种操作方式，既可由本安型电磁阀控制，也可用手动控制。图 4-21 所示为液压系统作用简图，表 4-7 为相关参数，图 4-22 所示为 SL 300 型采煤机的液压系统图。

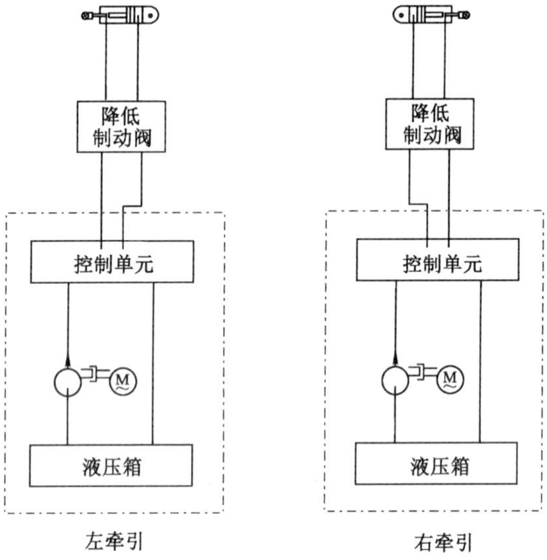

图 4-21　液压系统作用简图

表 4-7　　相关参数

序号	名称	数量	技术参数
1	吸油过滤器	2	100 μm
2	透气塞	2	
3	液压泵	2	23 L/min
4	限压阀	2	280 bar
5	过滤器	2	17 μm
6	压力开关	2	7 bar
7	压力表	2	0～400 bar
8	双联控制阀板	2	
9	油缸	2	
10	下降闭锁阀	4	
11	二级压力安全阀	4	

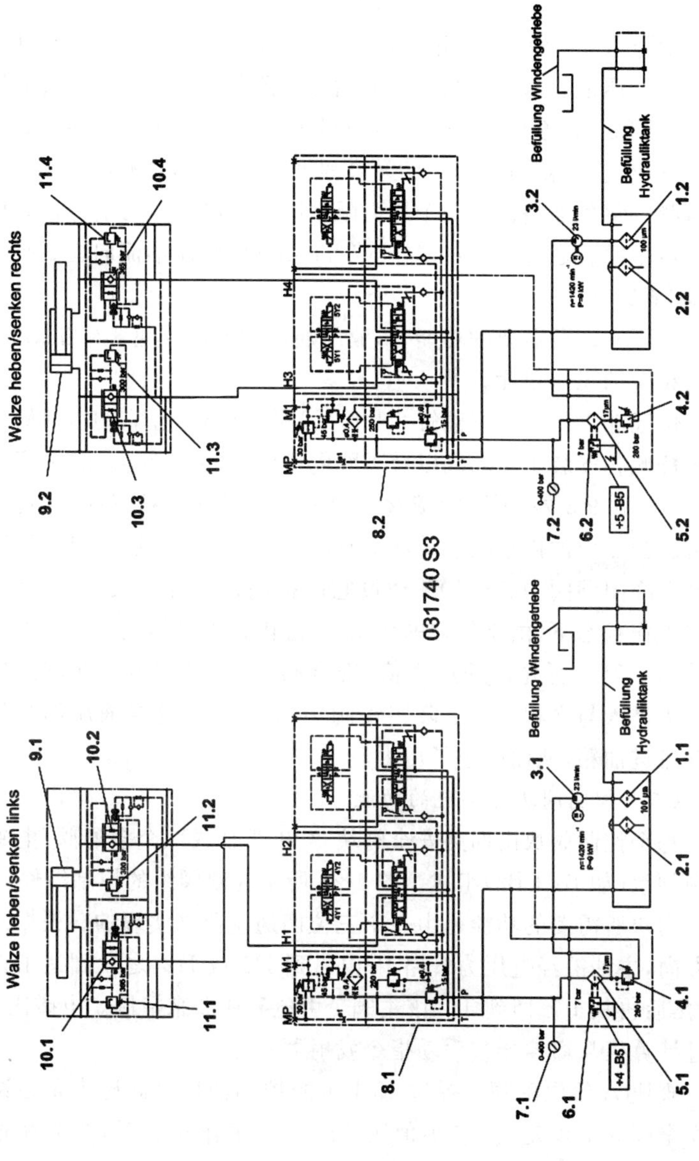

图 4-22　SL 300 型采煤机的液压系统示意图

（一）SL 300 型采煤机的液压系统

液压泵 3.1 和 3.2 通过闭锁球阀 1.1 和吸油过滤器 1.2 从油箱中抽出液压油。从液压泵吸出的油通过两条管路进入高压过滤器 5.1 和 5.2。油路中的工作压力通过电子压差开关 7.1 和 7.2 读出。高压过滤器 5.1 和 5.2 的污染程度通过电子监测器 6.1 和 6.2 来监测。每条油路包括一个压力限制阀 4.1 和 4.2，用于防止高压过滤器堵塞。通过高压过滤器 5.1 和 5.2 后，液压油流向控制阀块 8.1 和 8.2。

当要实现所需要的功能时，液压油通过控制阀块 8.1 和 8.2 被引到相应的工作单元。

保证非工作状态下油缸 9.1 和 9.2 的密封性，在它的活塞侧和活塞杆侧各安装了单向阀以及下降闭锁阀 10.1～10.4。除了密封油缸 9.1 和 9.2 外，下降闭锁阀 10.1～10.4 还用于摇臂回缩，免受冲击。当压力油供给相应的活塞侧时，由于该压力油的作用，活塞杆侧下降闭锁阀 10.1～10.4 通过它的控制连接开启成为节流阀。在非工作状态下，由于外力的作用，油缸内部的油压超过二级安全阀 11.1～11.4 所允许的压力值，安全阀开启，控制液压油流经控制接头进入与之相连的下降闭锁阀 10.1～10.4，这样液压油会从油缸流进油箱，从而减小了压力。

（二）控制阀块可实现的功能

每个控制阀块由回路安全阀块 A 和两个或三个多通阀/电磁控制阀组（如 B1＋B2）组成。图 4-23 所示为双阀组的控制组件。

用户所需要的功能是由一个三位四通主阀来实现的。根据设定方向，主油液经过压力管路 P，由 1 到 H1 或 H2，之后到达工作点，然后再从 1 流回到 T。该主阀 1 由电磁阀 2 来控制。电磁阀 2 通过计算机从遥控器或手动指令发射器获得指令。

阀块 A 给电磁阀 2 提供 15 bar 的控制油压。此压力是在系统安全阀 3 上设定的，最小值为 15 bar。工作状态时，压力超过

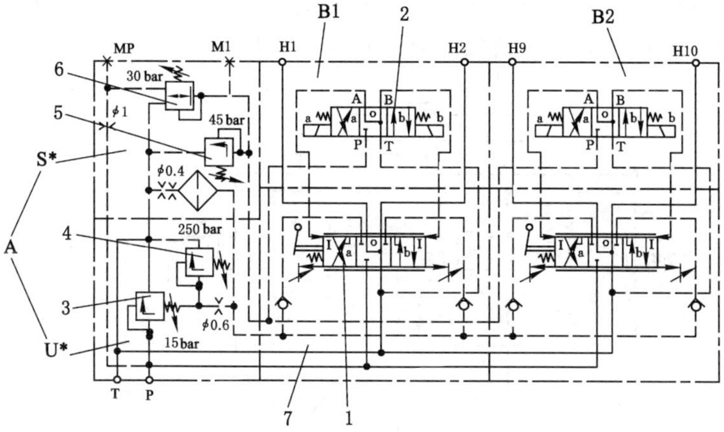

图 4-23　双阀组的控制组件

S*——控制供油量；U*——系统阀

35 bar时，减压阀 6 动作，切断控制油以保护电磁阀 B1 和 B2。这是因为控制油压和工作油压都来自 P 管。

一旦减压阀 6 损坏，压力值超过 45 bar 时，安全阀 5 就对电磁阀 B1 和 B2 进行附加保护。

在工作状态下，所要求的工作压力油通过载荷油管 7 作用在系统安全阀 4 上，并且封闭以后部分。安全阀 4 把工作压力限制在 265 bar 以内。

（三）摇臂调高油缸的元件功能

摇臂调高油缸通过接点 A 和 B 与可调控制块相连。单向阀 C 打开后压力油进入 A 端，油液经 R 进入油缸的活塞杆腔，这时油缸收缩。同时，通过控制管 D 使节流单向阀开启，于是活塞腔的油液经阀 E 节流，通过 B 点流回油箱。相反，压力油由 B 端进入，相对位置的元件动作使油缸伸长。一旦控制过程结束或万一油管迸裂，油缸立即被阀 C 和 E 锁住。假如难以承受的巨大外力作用在油缸上，安全阀 F 将通过控制管道 D 使阀 E 开启，且使油液由阀 E 和接点 A 流回油箱。如图 4-24 所示。

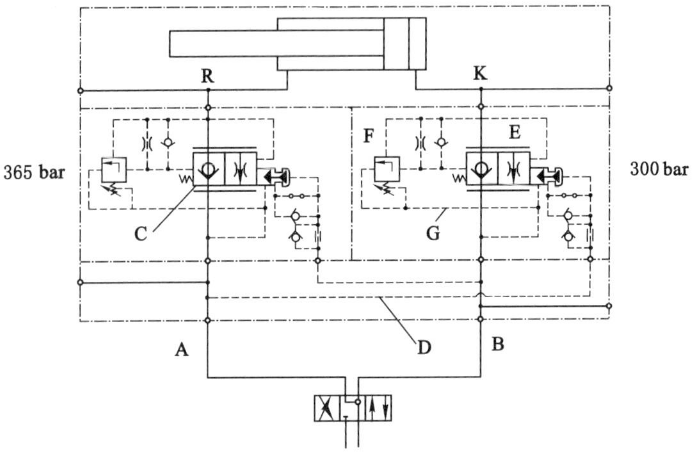

图 4-24　摇臂调高油缸

（四）采煤机各部位注油量

具体如图 4-25 和表 4-8 所示。

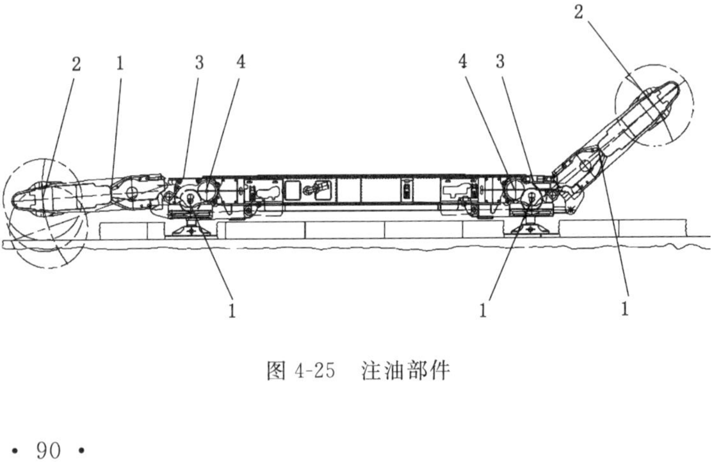

图 4-25　注油部件

表 4-8　　　　　　　　　各部位注油量

部件			工作液/油脂	数量(大约)
1	摇臂正齿轮		CLP 320 gear oil	35 L
2	摇臂行星轮		CLP 320 gear oil	20 L
3	油缸		HLP 100 hydraulic oil	55 L
4	牵引齿轮		CLP 320 gear oil	24 L
Ⅰ	摇臂座		Optipit Optimol	0.1 kg
Ⅱ	齿轮箱	齿轨轮	Kiüberlub BE 41-1501(A)	约 1.5 kg
Ⅲ		驱动轮	Klüberlub BE 41-1501(A)	约 200 g(每个轴承位置)
		齿面润滑	Klüberlub BE 41-1501(A)	20 L

注:牵引齿轮油量仅仅适用于水平位置,A 为克鲁勃无铅重型低速高负载滚动轴承润滑脂。

第五章 SL 750型采煤机

SL 750型采煤机主要由左右截割部、左右支承座、左右牵引部和电器部分组成，如图5-1所示，其中摇臂截割装置为整体调高，它包括滚筒、齿轮箱和电动机等部分。采煤机可进行双向截割。根据截割滚筒的直径和采煤机的安装高度，采煤机可以用于截割不同硬度的矿层。

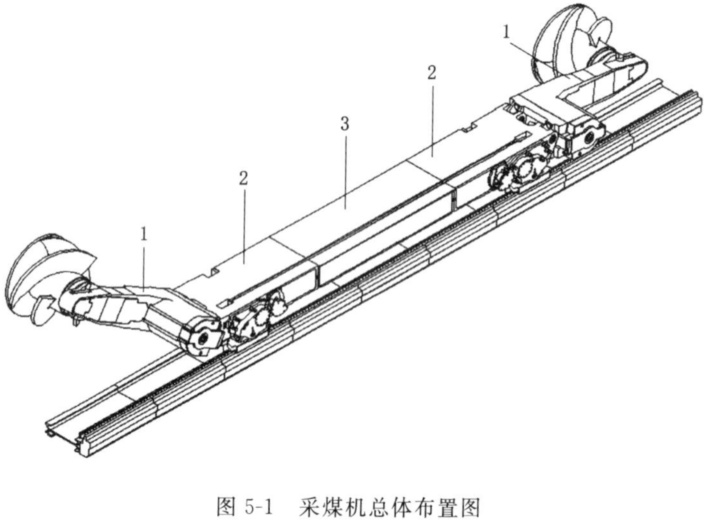

图5-1 采煤机总体布置图

1——截割单元；2——电牵引和齿轮箱；3——电气单元

采煤机电动机布置如图5-2所示，相关参数如表5-1所示。

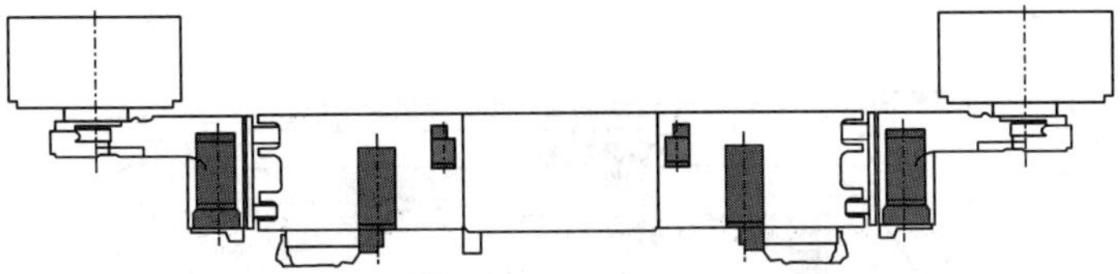

图 5-2　采煤机电动机布置图

表 5-1　　**相关参数**

功率参数	功率/kW	电压/V	频率/Hz
截割电动机	2×620	3 300	50
牵引电动机（电动机功率）	2×90	460	0～120
泵电动机(液压)	2×27	575	50
装机总功率	1 474		

第一节　SL 750 型采煤机的结构

SL 750 型采煤机的结构主要由牵引单元、截割单元和电气单元组成。牵引单元如图 5-3 所示。

牵引部包括:牵引箱体 1,牵引齿轮箱 2,牵引电动机 3。

牵引箱体包括液压和水路系统的组件:液压驱动系统 4,液压过滤系统 5,水分配和液压控制单元 6(没有画出),链轮箱 7。

一、牵引单元(包括齿轮箱)

采煤机由设有行星齿轮箱的牵引部沿工作面拖动,齿轮箱中设有一个齿式离合器。

牵引箱中的电动机将动力通过一组齿轮和两级行星减速传递到链轮箱中的驱动轮。编码器用于控制交流电动机的速度。

在链轮箱中设置了一级齿轮减速。

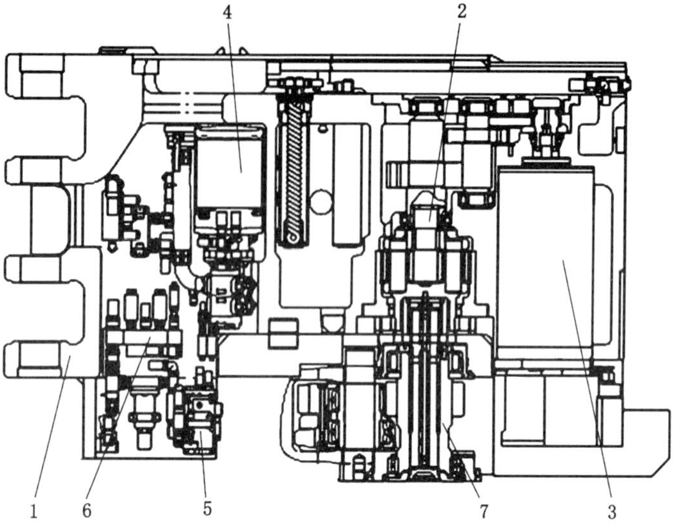

图 5-3　牵引单元

（一）牵引部齿轮传动系统

牵引部齿轮传动系统如图 5-4 所示。

（二）牵引电动机

牵引电动机安装如图 5-5 所示。

1. 更换牵引电动机

建议拆除和重装时采用以下步骤：

（1）从运输机齿轨座上拆下挡煤板。

（2）拆卸牵引电动机 2、离合轴 1 和连接水管 3。

（3）拧下用于将端盖 4 固定在连接箱上的六角螺栓，然后拆去端盖 4。

（4）所有的电缆做上位置标记，把电缆从接线端子上拆下，从接线端抽出喇叭口 5 和电缆。

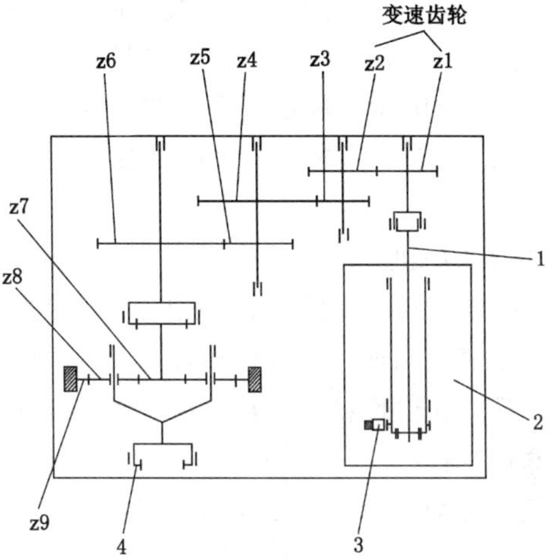

图 5-4　牵引部齿轮传动系统

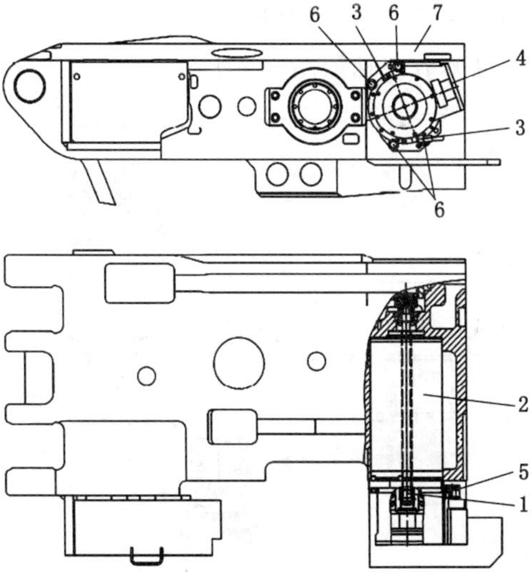

图 5-5　牵引电动机安装示意图

(5) 用六角螺栓连接端盖 4 到连接箱体上。然后拧下用于固定牵引电动机 2 在牵引箱体 7 上的六角螺栓 6。

(6) 用 M27 专用螺栓从顶丝孔处将牵引电动机 2 顶出并从采空区抽出。然后将牵引电动机 2 的外壳涂上防锈剂或组合剂 PBC TP 492。

(7) 将牵引电动机 2 放置在牵引箱体 7 中的安装位置。通过 M24 螺杆将牵引电动机尽可能地向里推。六角螺栓 6 先不用上。

(8) 拧下端盖 4 和连接箱体的螺栓,并拆去端盖 4。装入电缆和喇叭口 5。然后在连接箱体中连接电缆到接线端上。

(9) 用六角螺栓将端盖 4 固定在连接箱体上。然后安装连接水管 3 并将连接水管连接到牵引电动机 2 上。

(10) 核实安装好的电动机 2 的转动方位。然后拆去 M24 导杆并用六角螺栓固定电动机。

(11) 安装牵引电动机 2 的轴 1,检查油位,有可能要加注油。

2. 更换牵引电动机的剪切轴

牵引电动机的剪切轴如图 5-6 所示。

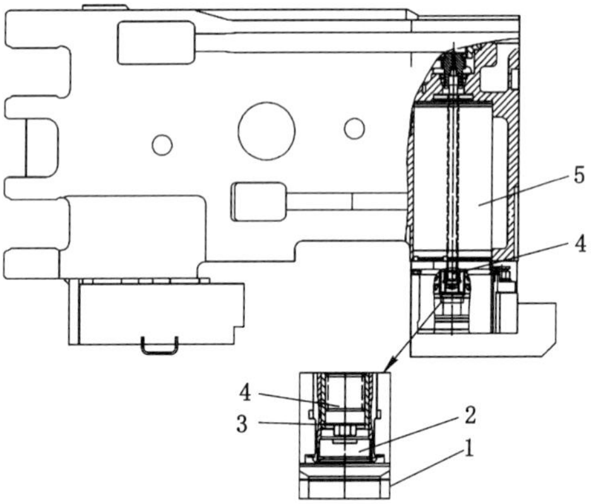

图 5-6　牵引电动机的剪切轴

建议采用以下步骤：

(1) 拆除密封圈 1 并拆下盖板 2。

(2) 拆除密封圈 3,并在牵引电动机 5 中向填充侧拆出剪切轴 4。

(3) 将新的剪切轴 4 放入牵引电动机 5 的安装位置。

(4) 安装密封圈 3。

(5) 将盖板 2 放入牵引电动机 5 的安装位置并安装密封圈 1。

3. 更换齿轨轮

齿轨轮如图 5-7 所示。

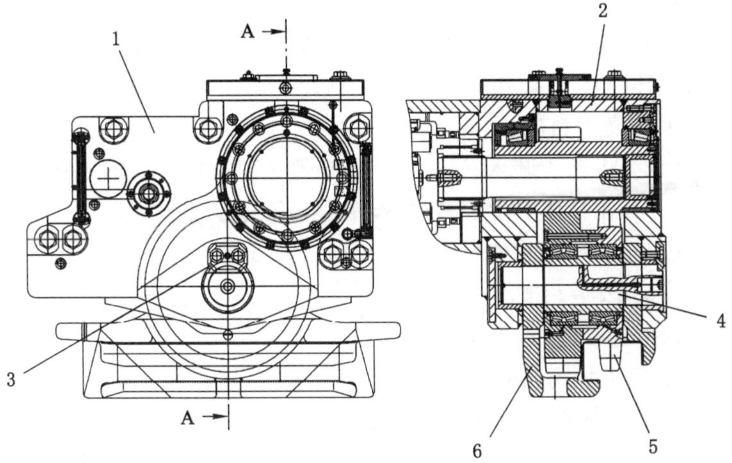

图 5-7　齿轨轮

拆除和重新组装建议采用以下步骤：

(1) 从输送机上拆除电缆槽。

(2) 从机器左、右链轮箱 1 的行走轨道上拆除最近的齿轨(根据需要可拆除两个齿轨)。注意：下一步的工作过程机器必须断电，以防止偶然性的再启动；抬起仅仅指机器重量不压住导向滑靴

6 和轴 4 即可。

(3) 从齿轮箱壳体 2 上拧松用于紧固轴 4 的六角螺栓 3。

(4) 用螺栓接头(工具箱)和 M64×4 的拉杆用液压张紧工具拆下采空侧的轴 4。

(5) 然后抬起机器以便拆除箱体 2 中的齿轨轮 5 和导向滑靴 6。

(6) 从箱体 2 下面拆除带有齿轨轮 5 的导向滑靴 6。

(7) 取出导向滑靴 6 中的齿轨轮 5,并拆除导向滑靴 6。

(8) 在齿轨上装上新的导向滑靴 6,并推到箱体 2 的旁边。

(9) 在导向滑靴 6 中装入齿轨轮 5。

(10) 将带有齿轨轮 5 的导向滑靴 6 推入箱体 2。

(11) 降低机身调整箱体 2,使导向滑靴 6 和齿轨轮 5 的中心孔与箱体 2 的中心孔同心以便穿轴 4。注意:装入轴时使用配套工具来抬高齿轨轮。

(12) 将轴 4 装入箱体 2、导向滑靴 6 和齿轨轮 5 的通孔。

(13) 在箱体 2 上安装轴 4,并用六角螺栓 3 紧固。

(14) 抽掉垫木使机器压到导向滑靴 6 上。

(15) 安装齿轨。

(16) 安装输送机上的挡板。

4. 行走机构附属装置

(1) 导向滑靴的磨损测量(图 5-8)

每周应测量导向滑靴的磨损量,每次检测每个导向滑靴左侧和右侧的尺寸时应测量两次。

注意:如果导向滑靴因磨损达到公差极限,应将其拆下,通过堆焊和再加工达到标称尺寸,保证齿轨轮和齿轨条之间的啮合间隙。

(2) 平滑靴的磨损测量(图 5-9)

新的滑靴的规格是 X 为 75 mm。当它的规格≤65 mm,必须更换新的。

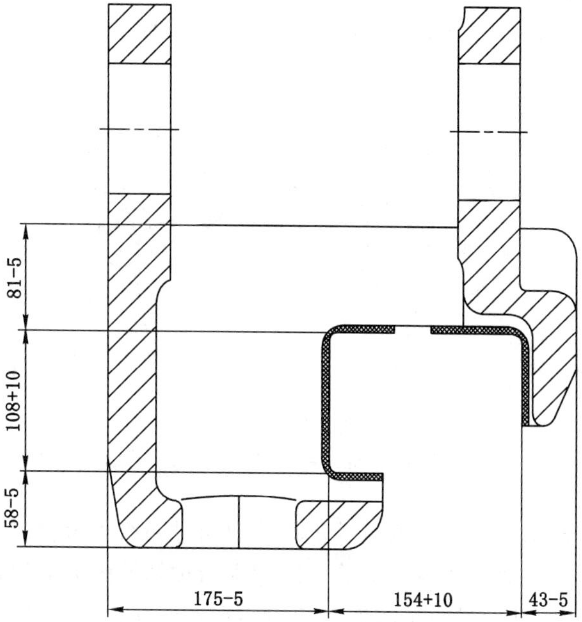

图 5-8　导向滑靴的磨损测量

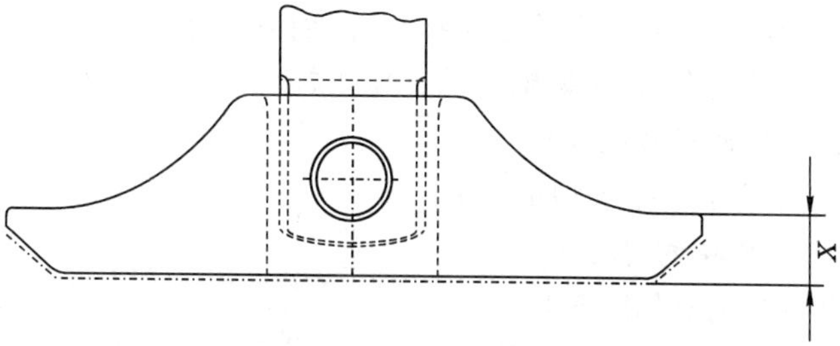

图 5-9　平滑靴的磨损测量

二、截割部

截割部如图 5-10 所示。

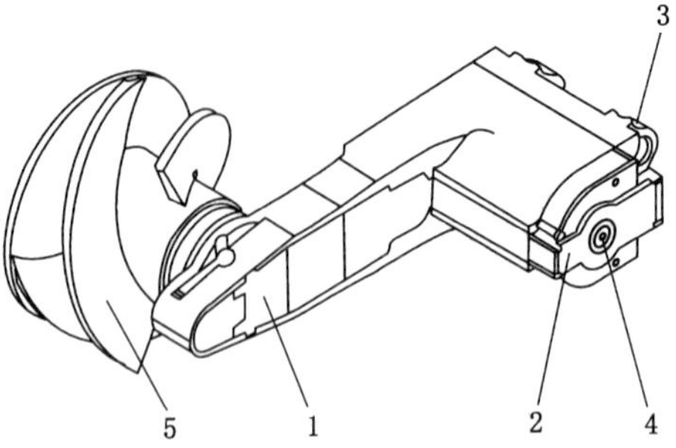

图 5-10 截割部

1——摇臂;2——截割电动机;3——摇臂连接架;4——离合器;5——滚筒

截割摇臂中的截割电动机将动力通过两级正齿轮传动和一个双级行星减速器传递到滚筒。冷却水通过摇臂内上下位置冷却管冷却油液,并通过行星减速器的中心水管冷却行星减速箱,而后从滚筒上喷出降尘。

挡煤板翻转液压马达也安装在摇臂上。在马达和小齿轮的联轴套上设有扭矩槽,在过载时断裂起保护作用。联轴套是易损件。

扭矩轴不仅是一个柔性连接零件,而且是截割电动机与摇臂齿轮之间的离合器,扭矩轴上设有预先断裂点,是一个易损件。摇臂与连接架通过液压螺杆连接。

截割部传动系统如图 5-11 所示。

(一) 更换截割电动机

截割电动机如图 5-12 所示。

建议采用以下步骤拆装电动机:

(1) 拆下电动机盖板。

(2) 拆下电动机扭矩轴 1,拆卸电动机盖 3 与电动机的紧固螺

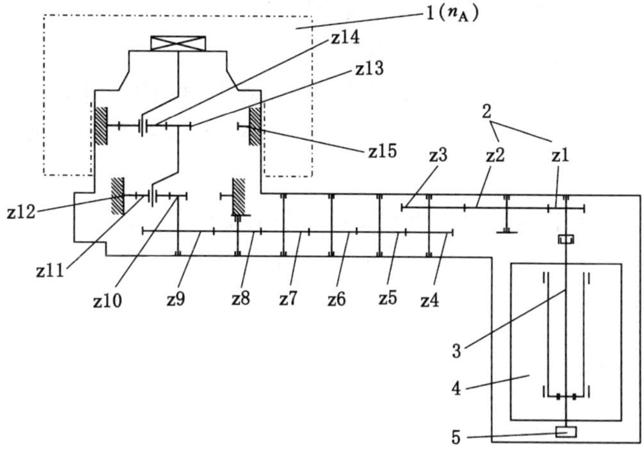

图 5-11　截割部传动系统

1——滚筒;2——减速齿轮;3——剪切轴;4——截割电动机;5——开关离合器

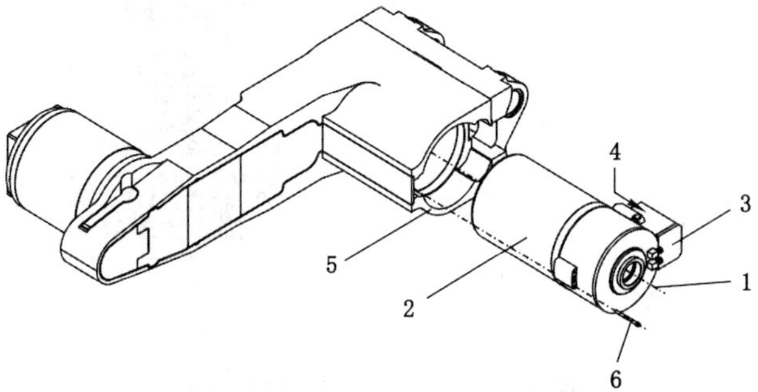

图 5-12　截割电动机

栓,拆下电动机盖 3。

(3) 拆下带有喇叭嘴 4 的电缆。

(4) 拆下冷却水路。

(5) 从放截割电动机 2 的摇臂外罩 5 上拆下六角螺栓 6。

(6) 用 M16 六角螺栓拧入顶丝孔抽出电动机 2。

(7) 用配套的吊装设备更换电动机 2。

(8) 装入新的截割电动机 2 和上紧截割电动机 2 上的螺栓 6。

(9) 连接冷却水路(进路和回路)和连接带有喇叭嘴 4 的电缆。

(10) 安装电动机扭矩轴 1 和安装电动机盖板。

(二) 更换电动机剪切轴和离合器

电动机剪切轴和离合器如图 5-13 所示。

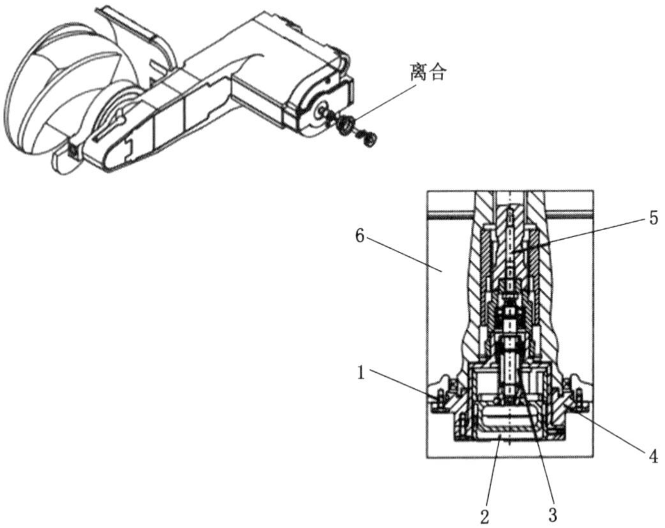

图 5-13 电动机剪切轴和离合器

建议采用以下步骤:

如果电动机扭矩轴损坏,离合器必须在井下全套更换。截割电动机 6 断电并且确保不会再次启动,将盖板 2 拆卸,通过拉拧把手打开。

(1) 拧松支撑套 4 的紧固螺栓 1,拆下支撑套 4,并在采空侧从截割电动机 6 上拆下带有离合装置 3 的电动机轴 5。

(2) 用 M12 螺杆将轴拆出(M12 螺杆位于液压运输系统)。

(3) 将准备好的装有离合装置 3 的新电动机轴 5 装入截割电动机 6,使离合器处于非啮合位置。

(4) 用螺栓 1 紧固离合器 3 的支撑套 4。

(5) 损坏的轴与离合器一起被卸下,然后新的轴被装上。

(三) 更换摇臂座

摇臂座如图 5-14 所示。

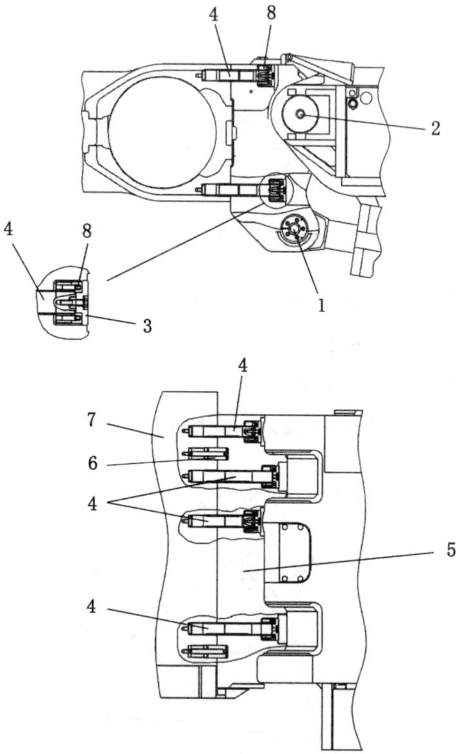

图 5-14　摇臂座

建议采用下列步骤更换摇臂座：

(1) 拆下截割装置和油缸之间的连接销 1。

(2) 拆下截割摇臂和牵引箱体之间的铰接轴 2。

(3) 拆卸盖板 3。

(4) 松开膨胀螺栓 4。

(5) 压开(4×M24)摇臂托架 5 并拆卸。

(6) 将新的摇臂托架 5 沿着销子 6 插入，并安装到摇臂 7 的位置。

(7) 膨胀螺栓 4 和螺母 8 交叉紧固，装上盖板 3，膨胀螺栓相关参数如表 5-2 所示。

表 5-2　相关参数

膨胀螺栓	预应力 P_v/kN	力矩/(N·m)
	1 250	156

(8) 把截割装置安装在牵引箱上。

(9) 装上截割装置和油缸之间的连接销 1。

(四) 更换截齿、齿套和喷嘴

滚筒呈螺旋线排列有截齿，截齿如图 5-15 所示。

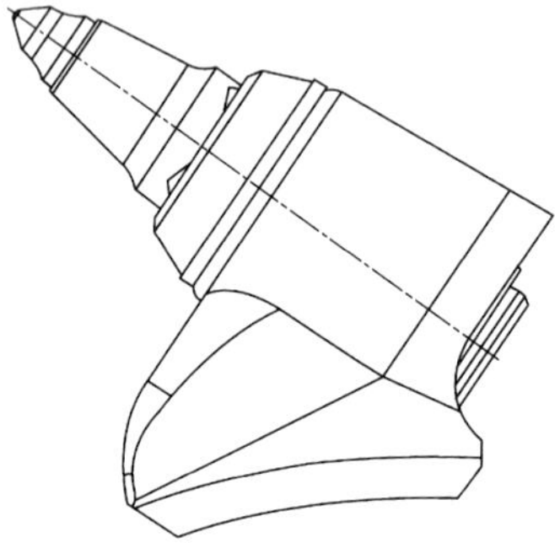

图 5-15　截齿

建议采用以下步骤对截齿、齿套和喷嘴进行拆装：

(1) 降低截割滚筒，截齿不能触地。注意：关闭运输机；确保机器不要在斜坡上有滑动的危险；更换截齿时，机器必须断电，以防止发生疏忽性的启动。

(2) 拆下卡环，拆下齿套和截齿。

(3) 装上新的齿套和截齿，用连接件固定。

(4) 拆下旧喷嘴换上新喷嘴。

三、电控箱

电控箱如图 5-16 所示。

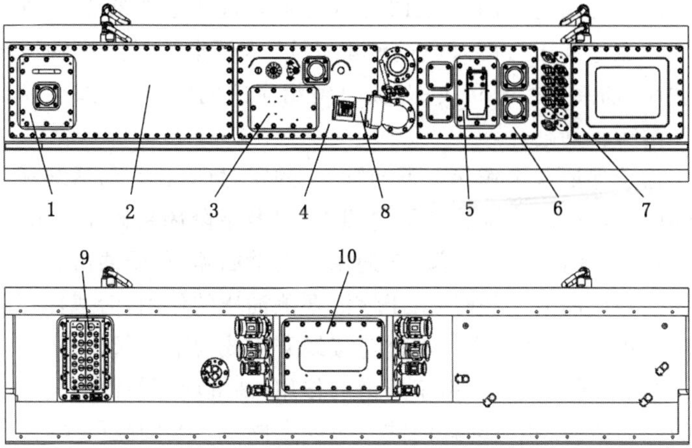

图 5-16　电控箱

1——高压箱 HV1（变频器、泵电动机和变压器）；2——高压箱 HV1（保险 3.3 kV）；
3——高压箱 HV2(接线柱，A10)；4——高压箱 HV2(抽拉单元)；
5——牵引控制箱 TC（变频器连接）；6——牵引控制箱 TC；
7——低压箱 LV(控制)；8——供电电缆连接(插头和插座)；
9——连接箱“i”；10——连接箱

第二节　液压系统的工作原理

一、液压系统

如图 5-17 所示，液压泵 6 通过闭锁拨片、吸油管和吸油过滤器 3 从油箱 1 中抽出液压油。从液压泵 6 吸出的油通过两条管路进入高压过滤器 10。管路中的压力由电子压力计 8 来监控。高压过滤器的污染程度通过电子压差开关 11 来监测。每条油路包括一个压力限制阀 9，用于控制从油箱中吸入的油量。

液压油在过控制阀块 13 之前先通过高压过滤器 10。管路里的液体流量和压力可以通过流量计 12 来读取。通过启动所需要的功能，油液从控制阀块 13 被引到相应的伺服单元，如滚筒摇臂的升举行程油缸。

为了保证非工作状态下油缸 19 的密封性，在它的活塞和活塞杆环区回油线路分别装了单向阀 14 以及下降闭锁阀 15。除了密封油缸 19 外，下降闭锁阀 15 还用于摇臂回缩，免受冲击。当压力油供给相应的活塞侧时，由于该活塞侧油压的作用，活塞杆环区侧下降闭锁阀 15 通过它的控制连接线开启成为节流阀。

在非工作状态下，由于外力的作用，油缸内部的油压超过所允许的压力值时，相应油缸内的二级安全阀 17/18 的限压阀打开，这样就使控制油通过油缸内的单向阀 16 在活塞与管路之间进行了交换。

在左右牵引部的液压系统中，分别有液压油箱 1 的注油装置 21，该装置可以通过阀门单元 13 的工作在液压系统的运行中置入。限压阀 20 负责提供注油装置的允许工作压力，液压油经过管路和过滤 22 后由加油装置 21 再经过管路，被泵入油箱 1。

对于加油和工作中的空气平衡，空气可以通过空气滤清器 2 流进或排出。油位、温度可通过电子装置 5 来进行监控和显示。

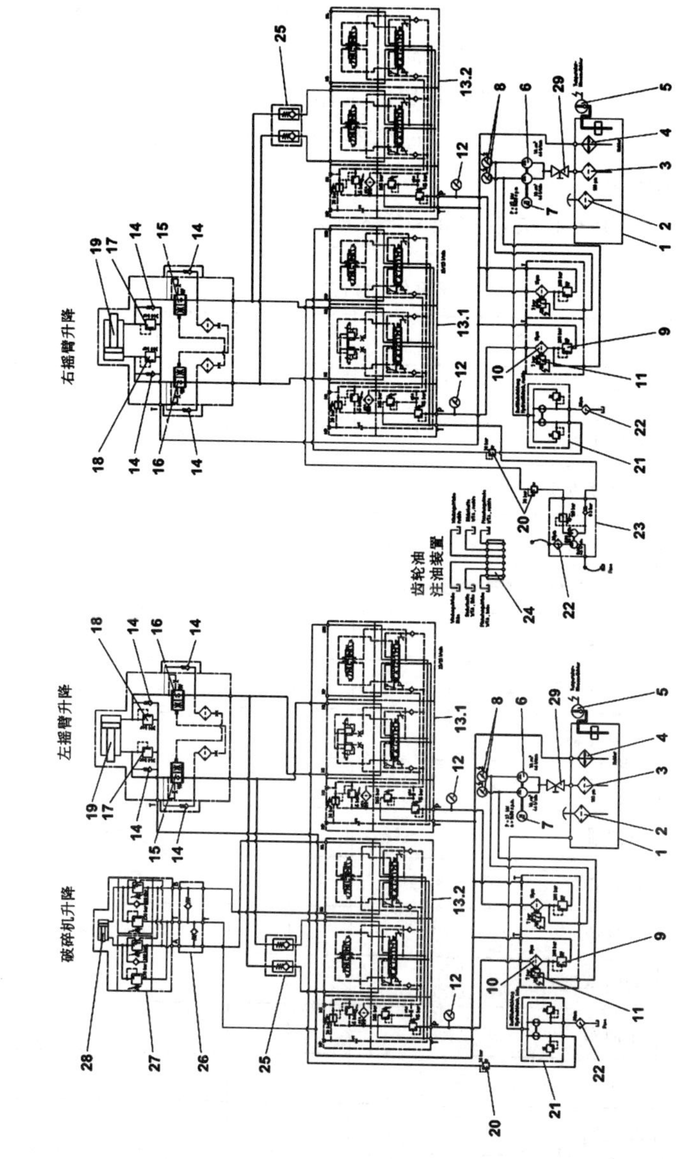

图 5-17　液压系统布置示意图

流回油箱的油流经冷却器 4。运行齿轮油的加油装置 23 可以向采煤机的所有齿轮运行空间加油。加油装置可以通过手动经阀门 13 为右牵引部工作。加油装置的工作压力可以由压力限制阀 20 来设置。润滑油经过油管和过滤器 22,通过分配器 24 被加油装置导入相应的润滑空间。

液压系统的相关参数如表 5-3 所示。

表 5-3　液压系统的相关参数

位置	名称	数量	技术指标
1	油箱	2	
2	空气滤清器	2	
3	真空过滤器	2	100 μm
4	油冷却器	2	
5	温度—油位监测器	2	
6	液压泵	2	2×46 L/min
7	液压电动机	2	27 kW
8	压力传感器	4	0～400 bar
9	限压阀	4	280 bar
10	过滤器	4	17 μm
11	压差开关	4	7 bar
12	流量计	4	0～400 bar
13	阀门单元	2	
14	单向阀	4	
15	止降阀	4	
16	单向阀	4	

续表 5-3

位置	名称	数量	技术指标
17	限压阀	2	240 bar
18	限压阀	2	300 bar
19	油缸	2	
20	限压阀	3	30 bar
21	液压油加油装置	2	
22	过滤器	2	80 μm
23	齿轮油加油装置	1	
24	齿轮油分配器	1	

二、摇臂升降油缸的部件

摇臂升降油缸如图 5-18 所示。

摇臂通过连接头 A 和 B 与运动控制模块连接。

当液压从 A 连接处加载时，单向阀 C 打开，液压油通过通路 R 流入油缸内。同时控制液压油通过控制管路 D 到达止降阀 E 并使之打开，这样在 E 的节流功能作用下，液压油经由连接处 B 流入油箱，油缸压缩完成。

当液压从连接处 B 加载时，油缸在相应的部件作用下，完成外推过程。

当控制过程完成或管路有裂缝时，C 和 E 会直接作用以便密封关闭油缸。

当外来压力超过正常值时，限压阀 F 打开，使液压油通过单向阀 G 流入管路。从活塞处推来的过多的液压油会通过连接处 T 流入油箱，这样油缸的压力自动卸载。

三、双阀组控制阀块组件

控制阀块可实现伺服单元所需要的功能。

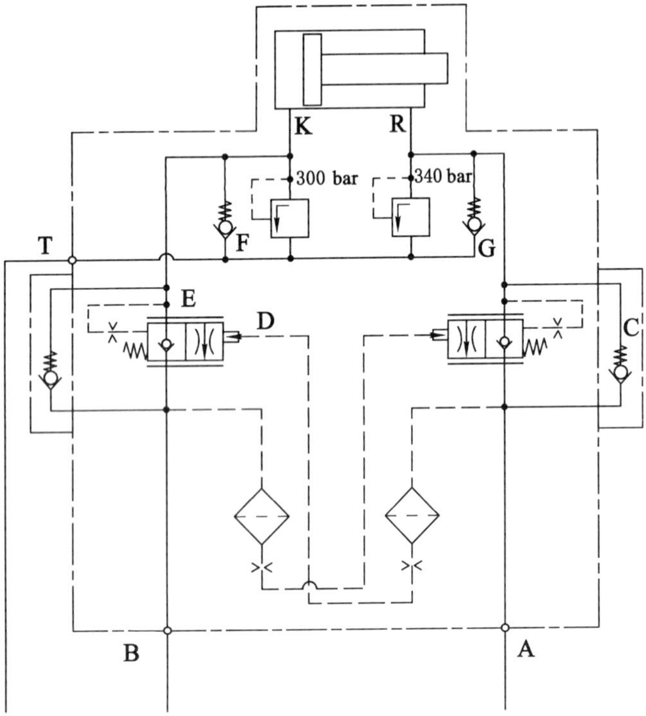

图 5-18　摇臂升降油缸

每个控制阀块由系统安全阀块 A 和两个或三个多通阀/电磁控制阀组（例如 B1＋B2）组成。图 5-19 所示为双阀组控制组件。

伺服单元需要的功能是由一个三位四通主阀 1 来操作。其后，主油液从 1 到 H1 或 H2（取决于开关转向）经过压力管路 P，之后到达伺服单元；由此再经 1 到 T 回流。该多通主阀 1 由电磁阀 2 来控制。电磁阀 2 通过计算机从遥控器或手动指令发射器获

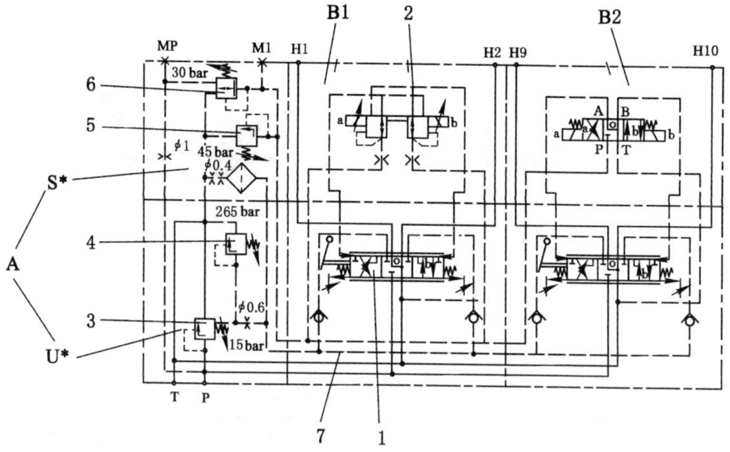

图 5-19　双阀组控制组件

S*——控制油供应；U*——流通阀

得指令。

阀块 A 给电磁阀 2 提供 15 bar 的控制油压。此压力是在系统安全阀 3 上设定的，最小值为 15 bar。当某项功能启动后，压力超过 30 bar 时，减压阀 6 起到保护控制组件的作用。这是因为控制油压和工作油压都来自 P 管。

一旦减压阀 6 损坏，压力值超过 45 bar 时，安全阀 5 就对控制组件进行附加保护。

在工作状态下，所要求的工作压力油通过载荷油管 7 作用在系统安全阀上，然后封闭后者。

安全阀 4 把工作压力限制在 265 bar 以内。

四、各部位注油量

注油部位和注油量分别如图 5-20 和表 5-4 所示。

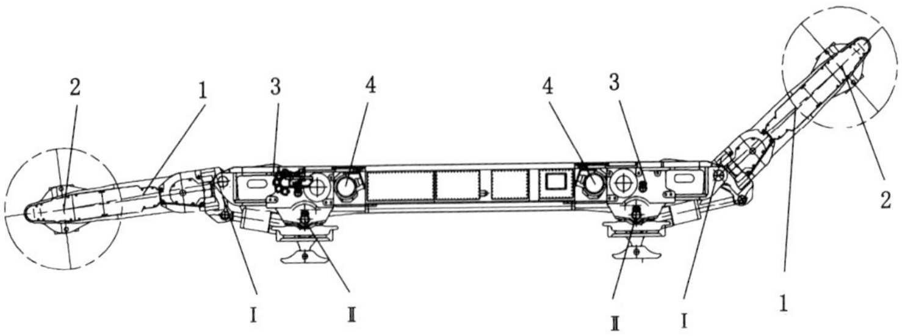

图 5-20　注油部件

表 5-4　　各部位注油量

部件		工作液/油脂	数量(大约)
1	摇臂正齿轮	CLP 320 gear oil	40 L
2	摇臂行星轮	CLP 320 gear oil	29 L
3	液压油箱	HLP 100 hydraulic oil	100 L
4	牵引齿轮	CLP 320 gear oil	43 L
Ⅰ	摇臂座	Optipit Optimol(A)	0.1 kg
Ⅱ	齿轮箱	Klüberlub BE 41-1501(B)	

注:牵引齿轮油量仅仅适用于水平位置,A 为锂-12-羟基专用润滑脂,B 为克鲁勃无铅重型低速高负荷滚动轴承润滑脂。

第六章　SL 900 型采煤机

SL 900 型采煤机由截割部、牵引部和电气部分组成。它可以适用于 2.4～6.0 m 的采高范围，具有较高的灵活性。总装机功率可超过 2 500 kW。根据截割滚筒的直径和采煤机安装高度，可以用于截割不同硬度的矿层。

图 6-1 所示为采煤机总体布置图。

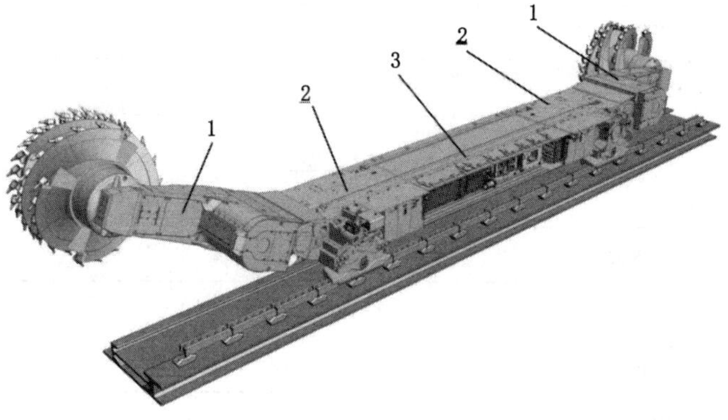

图 6-1　采煤机总体布置图

1——截割单元；2——电牵引和齿轮箱；3——电气单元

一、主要技术参数

如表 6-1 所示。

表 6-1　　主要技术参数

功率参数：			
	功率/kW	电压/V	频率/Hz
截割电动机	2×900	3 300	50
牵引电动机	2×150	690	0～120
泵电动机	2×27	575	50
破碎机	1×200	3 300	50
装机总功率	2 354		
转速：			
截割滚筒	29.05 r/min		
总质量：			
包括截割滚筒	125 t左右		
工作面进水量：			
水量	356 L/min		
水压进水	40～100 bar		
冷却水进水水温	最高 30 ℃		
使用条件：			
横向最大倾角	± 6°		
纵向最大倾角	± 6°		

二、主要外形尺寸

如图 6-2 所示。

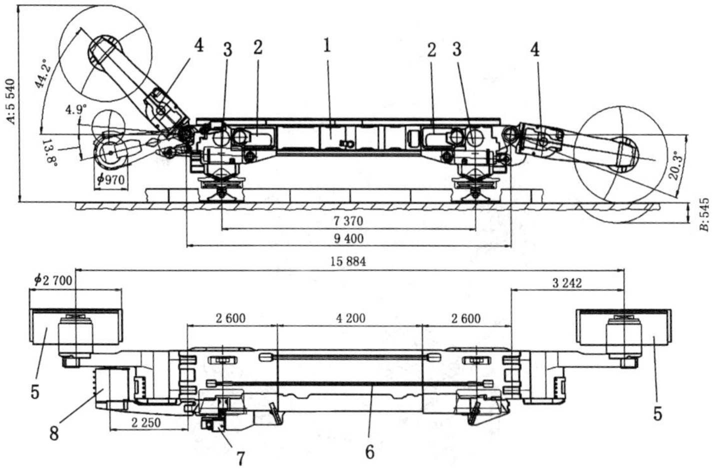

图 6-2　外形尺寸

1——电控箱；2——电牵引箱；3——链轮箱；4——截割单元；5——滚筒；6——拉杆；7——拖揽装置；8——破碎机；A——卧底；B——挑顶

第一节　SL 900 型采煤机的结构

SL 900 型采煤机的结构主要由截割单元、电牵引链齿轮箱以及电气单元组成。

一、截割单元

如图 6-3 所示，截割摇臂中的截割电动机将动力通过两级正齿轮传动和一个双级行星减速器传递到滚筒。冷却水通过摇臂内上下位置冷却管冷却油液，并通过行星减速器的中心水管冷却行星减速箱，而后从滚筒上喷出降尘。

扭矩轴不仅是一个柔性连接零件，而且是截割电动机与摇臂齿轮之间的离合器，扭矩轴上设有预先断裂点，是一个易损件。

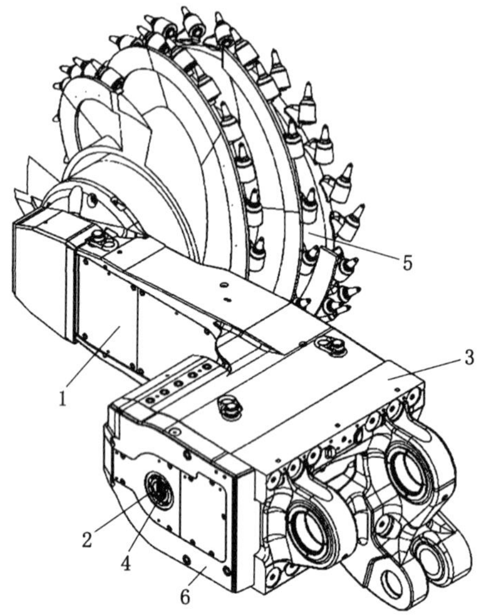

图 6-3　截割部示意图

1——摇臂；2——截割电动机；3——摇臂连接架；4——离合器；
5——滚筒；6——防护板

摇臂与连接架通过液压螺杆连接。

（一）截割单元的技术参数(表 6-2)

表 6-2　截割单元的技术参数

截割电动机：	
型号	交流防爆水冷电动机
功率	900 kW
频率	50 Hz
转速	1 492 r/min

续表 6-2

截割电动机：	
电压	3.3 kV
电流	188.9 A
冷却水量(最小)	25 L/min
最大工作压力	40 bar
质量	3 200 kg
摇臂：	
摇臂长度/行星头直径	3 242 mm/1 000 mm
减速比	$i=51.3$
质量(不包括电动机)	11.686 kg
滚筒：	
滚筒直径 ϕ	2 700 mm
滚筒转速	29.05 r/min

(二) 截割摇臂齿轮传动系统

如图 6-4 所示。

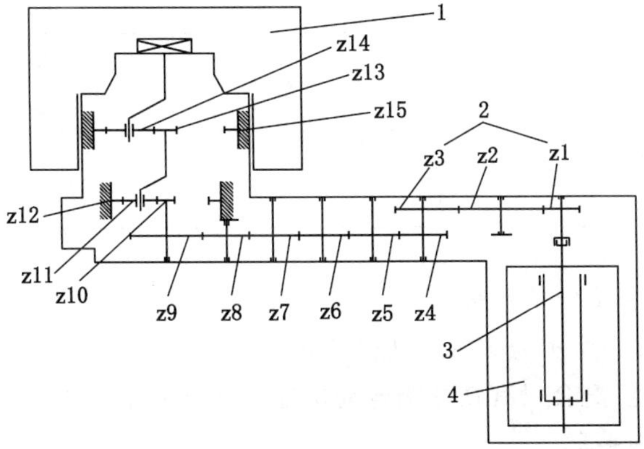

图 6-4　截割摇臂齿轮传动系统

1——滚筒；2——减速齿轮；3——剪切轴；4——截割电动机

相关参数如表 6-3 所示。

表 6-3　　相关参数

齿轮	齿数	模数/mm	转速/(r/min),传动比 $i=51.3$
z1	31	7.5	1 492
z2	41	7.5	1 127
z3	41	7.5	1 127
z4	28	8.5	1 127
z5	39	8.5	809
z6	38	8.5	830
z7	39	8.5	809
z8	40	8.5	789
z9	9	8.5	809
z10	19	7.5	809
z11	39	7.5	330
z12	98	7.5	0
z13	23	10.0	131
z14	28	10.0	84
z15	81	10.0	0
滚筒转速(n_A)			29.05

（三）截割单元脱离

图 6-5 所示为截割电动机离合器。

注意：离合只有在截割电动机停止状态下才可开启，人员操作时应使用手套。

截割电动机的离合器用如下的方式进行脱离：

(1) 拆下盖板 1。

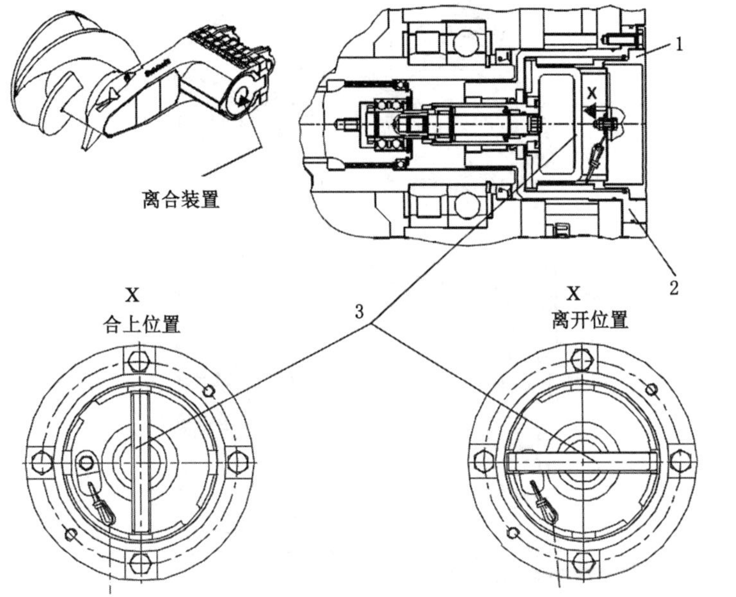

图 6-5　截割电动机离合器

(2) 按住离合把手 3 并向左旋转 45°来打开。

(3) 抽出离合把手 3 并再向左旋转(约 45°)直至其卡入轴承套 2 的槽内。

离合器的啮合过程是通过上述相反的步骤实现的。

图 6-5 给出了把手 3 在啮合和脱离状态下所处的位置。

(四) 更换剪切轴和离合器

如图 6-6 所示。

剪切轴 4 断裂,必须在井下更换全套离合器。建议采取以下步骤:

(1) 将已关机并且再启动限制的电动机 5 的安全环 1 和盖板 2 拆除。

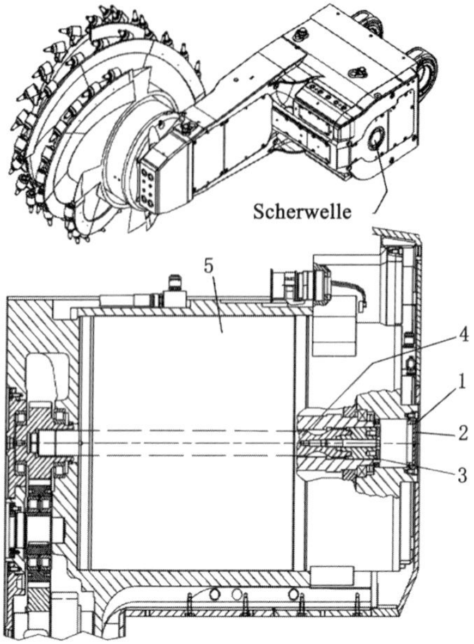

图 6-6　剪切轴和离合器

(2) 拆除安全环 3,拆除交流电动机 5 采空侧的剪切轴 4。

(3) 用螺纹杆 M12(离合器运输单元的一部分)将剪切轴留下的部分拆出。

(4) 将新剪切轴 4 安装到交流电动机 5 的安装位置。

(5) 安装安全环 3。

(6) 装入盖板 2 并用安全环 1 固定。

(五) 更换截割电动机

如图 6-7 所示。

建议采用以下步骤拆卸和组装截割电动机:

(1) 拆卸截割电动机盖板 9,拆卸带剪切轴 1,拆下固定电动机盖与连接箱/截割电动机的螺栓 6 并拆下机盖 7。

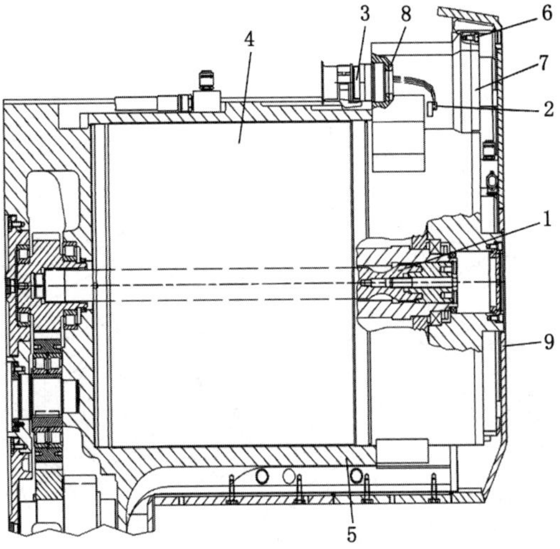

图 6-7　截割电动机

(2) 从接线柱 2 上拆下电缆，拆下固定电缆进线口 3 的螺栓 8。

(3) 拆卸带电缆的电缆进线口(喇叭嘴)，拆下冷却水路的进水管和出水管。

(4) 拧下固定截割电动机 4 在电动机保护箱 5 上的螺栓，用 M30 六角螺栓拧入顶丝孔抽出电动机 4。

(5) 用适当的起重设备更换电动机，将截割电动机 4 置于安装位置。

(6) 上紧截割电动机 4 的紧固螺栓，连接冷却水路的进水管和出水管。

(7) 安装带有电缆的电缆进线口 3，固定电缆在接线柱 2 上。

(8) 安装剪切轴 1，在电动机保护机箱上用六角螺栓紧固盖板 9。

（六）更换摇臂座

如图 6-8 所示。

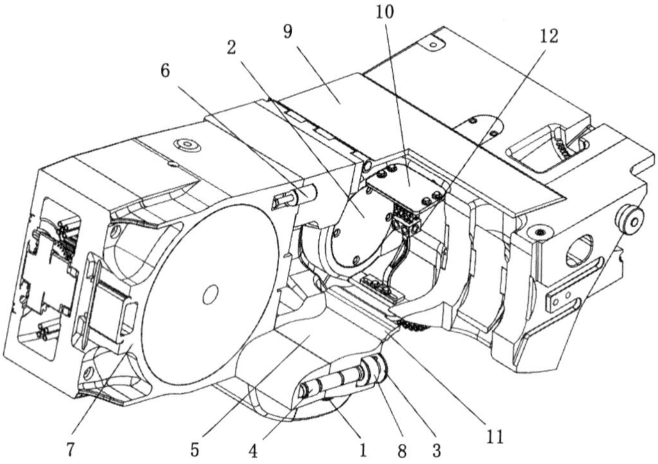

图 6-8 摇臂座

建议采用以下步骤更换摇臂座：

(1) 拆卸盖板 9、10 和 11。

(2) 拆卸截割单元与液压油缸之间的连接销 1。

(3) 拆卸截割单元与牵引箱之间的连接销 2，拆下软管夹 12 并放置在延长孔的顶端。

(4) 拆卸盖板 3。

(5) 松开膨胀螺栓 4。压开(2×M30)摇臂托架并拆卸。

(6) 将新的摇臂托架 5 沿着销 6 推入，并置于摇臂 7 的安装位置。

(7) 膨胀螺栓 4 和张紧螺母 8 交叉紧固，膨胀螺栓的相关参数如表 6-4 所示。

表 6-4　　膨胀螺栓的相关参数

膨胀螺栓	预应力/kN	启动扭矩/(N·m)
	1 270	315

(8) 安装盖板 3,将截割单元安装在牵引箱上。

(9) 装上截割单元与液压油缸之间的连接销 1。

(10) 安装盖板 9、10 和 11。

(七) 更换截齿,齿套和喷嘴

呈螺旋线排列的截齿分布在滚筒上,如图 6-9 所示。

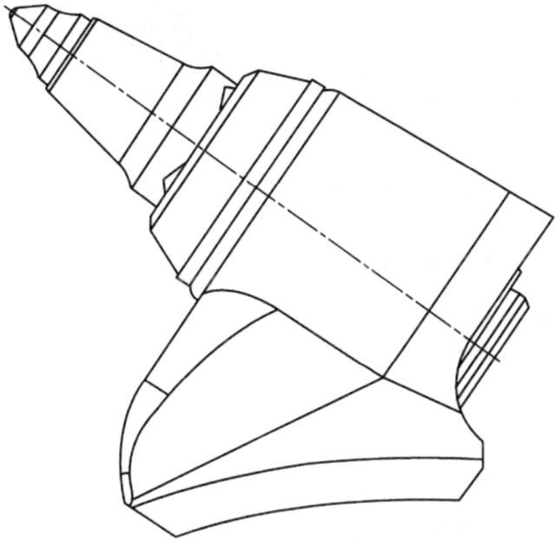

图 6-9　截齿

建议采用以下的步骤更换截齿,齿座和喷嘴:

(1) 降低截割滚筒,截齿不可触地。注意:关闭运输机;确保机器在滑坡上没有滑动的危险;更换截齿时必须断电以防止未经允许的启动。

(2) 拆下安全环来拆卸齿套和截齿。

(3) 装上新的齿套和/或截齿并用连接件固定。

(4) 拆下旧喷嘴,换上新喷嘴。

(八) 安装和更换截割滚筒

如图 6-10 所示。

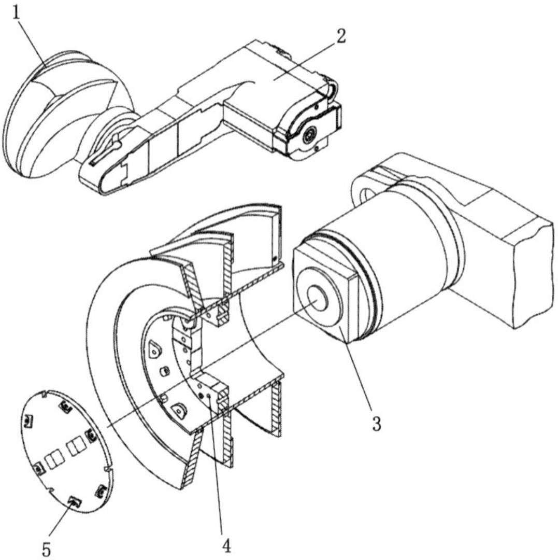

图 6-10 截割滚筒

截割滚筒是按照以下方式安装在摇臂上:

(1) 将截割滚筒 1 安放到摇臂 2 上的安装位置。

(2) 拧紧摇臂 2 连接法兰 3 上用于固定截割滚筒 1 的六角螺母 4。

(3) 安装截割滚筒 1 和摇臂 2 之间的水路连接。

(4) 用六角螺栓 5 安装连接盖板。

(5) 截割滚筒的拆卸与之相反。

二、电牵引和链轮箱

图 6-11 所示为牵引部(齿轮箱)。

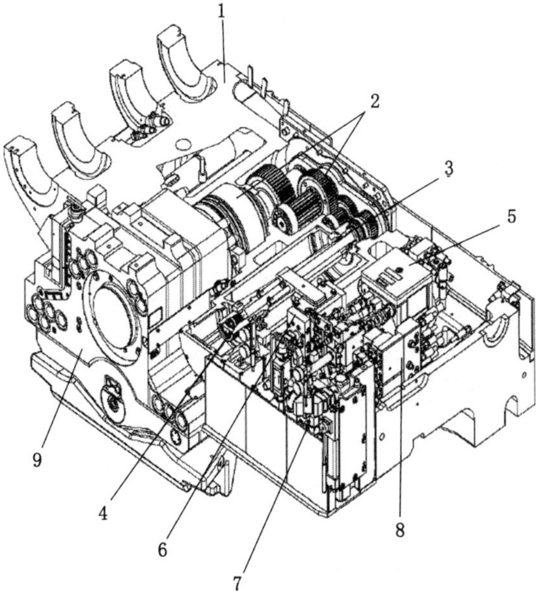

图 6-11　牵引部(齿轮箱)

1——牵引箱体；2——牵引齿轮箱；3——牵引电动机；4——剪切轴；5——泵电动机；6——液压过滤系统；7——水分配；8——液压控制单元；9——链轮箱及齿面润滑

（一）技术参数

如表 6-5 所示。

表 6-5　　牵引部技术参数

牵引电动机：	
型号	交流防爆水冷电动机
功率	150 kW
转速	60 Hz，1 800 r/min
电压	690 V

续表 6-5

牵引电动机：	
电流	175 A
最小冷却水流量	10 L/min
工作压力(最大)	40 bar
质量	850 kg
编码器：	
电压	+10,…,+30 V/DC
最大频率	50 kHz
分辨度	128 ppr
泵电动机：	
型号	交流防爆水冷电动机
功率	27 kW
频率	50 Hz
转速	1 450 r/min
电压	575 V
电流	36 A
冷却水流量(最小)	8 L/min
最大工作压力	40 bar
质量	200 kg
液压泵：	
型号	双齿轮泵
每转排量	2×33 cm^3
流量	约 2×46 L/min
转速	1 450 r/min
最大压力	300 bar
质量	25 kg

续表 6-5

润滑泵(法兰润滑)：	
型号	活塞泵
每动排量	0.15 cm^3
活塞直径	8 mm
质量	0.25 kg

采煤机由设有行星齿轮箱的牵引部沿工作面拖动，齿轮箱中设有一个齿式离合器。

牵引箱中的电动机将动力通过一组齿轮和两级行星减速传递到链轮箱中的驱动轮。编码器用于控制交流电动机的速度。

在链轮箱中设置了一级齿轮减速。箱体内置有活塞泵用于润滑法兰，驱动轮，中间轮和齿轮轴。

（二）牵引部齿轮传动系统

如图 6-12 和表 6-6 所示。

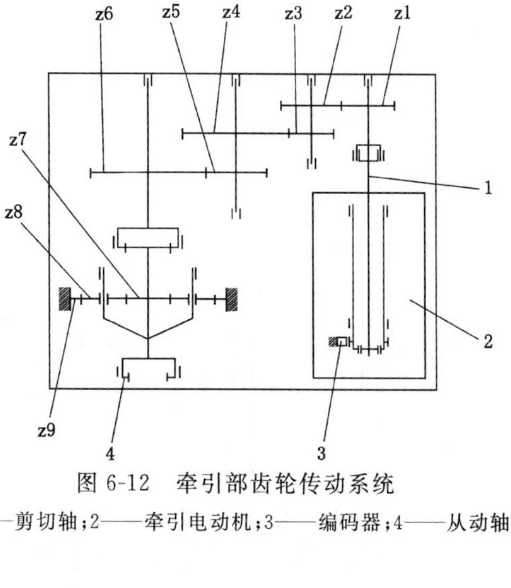

图 6-12　牵引部齿轮传动系统

1——剪切轴；2——牵引电动机；3——编码器；4——从动轴

表 6-6　　相关参数

齿轮	齿数	模数/mm	转速/(r/min)，传动比 $i=74.3$	
			60 Hz	120 Hz
z1	31	4.25	1 800	3 600
z2	42	4.25	1 329	2 657
z3	19	4.0	1 329	2 657
z4	63	4.0	401	801
z5	19	5.5	401	801
z6	58	5.5	131	263
z7	20	4.5	131	263
z8	29	4.5	72	145
z9	80	4.5	0	0
驱动轮速度(n_A)			26.3	52.5

（三）链轮箱齿轮传动系统

如图 6-13 和表 6-7 所示。

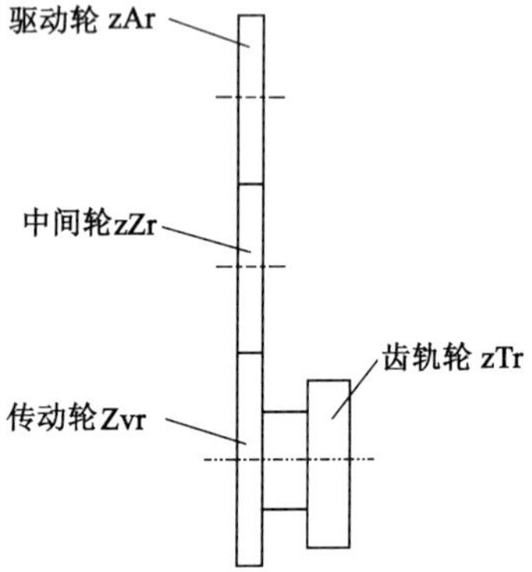

图 6-13　链轮箱齿轮传动系统

表 6-7　　　　　　　　　　　　相关参数

齿轮	齿数	模数/mm	转速/(r/min)，传动比 $i=2.38$	
zAr	13	20	26.3	52.5
zZr	27	20	12.6	25.3
zVr	31	20	11.0	22.0
zTr	10	46,8	11.0	22.0

（四）更换牵引电动机

如图 6-14 所示。

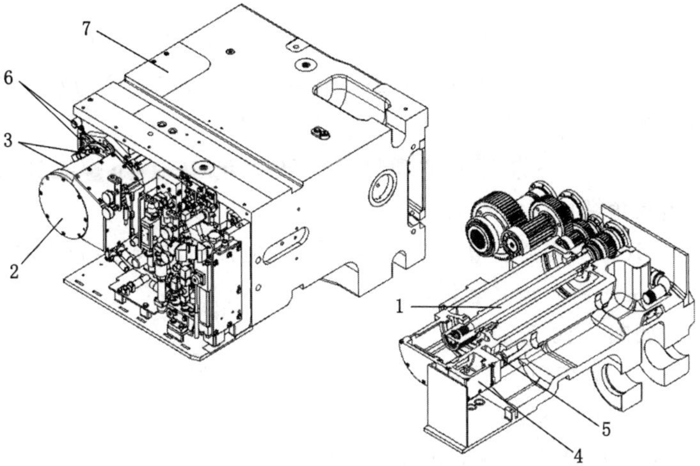

图 6-14　牵引电动机

建议拆除和重装时采用以下步骤：

(1) 从输送机齿轨座上拆下挡煤板，拆卸牵引电动机 2 的离合轴 1。

(2) 拆卸连接水管 3，拧下位于连接箱上的用于固定端盖 4 的螺栓，然后拆去端盖 4。

(3) 在所有电缆的位置上做标记，将电缆从接线端子上拆下，抽出电缆进线口 5 和电缆。

(4) 用圆柱头螺钉固定端盖 4 在连接箱体上，拧下用于固定牵引电动机 2 在牵引箱 7 上的六角螺栓 6。

(5) 用 M30 专用螺栓从顶丝孔处将牵引电动机 2 顶出并从采空区抽出，将牵引电动机 2 外壳涂上防锈剂或者润滑剂 PBC TP 492。

(6) 将牵引电动机 2 置于牵引箱 7 的安装位置，尽可能地通过 M24 螺杆将电动机向里推。先不用上螺栓 6，拧下固定端盖 4 在连接箱上的螺栓并取下端盖 4。

(7) 安装电缆和喇叭口 5 ，在连接箱内连接电缆到接线端上。

(8) 用圆柱螺栓固定端盖 4 在连接箱上，安装冷却水连接阀门 3 并把冷却水管连接到牵引电动机 2 上。

(9) 核实安装好的电动机 2 的转动方向。拆下螺纹杆 M24 并用六角螺栓固定电动机。

(10) 安装牵引电机 2 的离合轴 1，检查油位，可能需要加油。

(五) 更换牵引电机内的剪切轴

如图 6-15 所示。

建议采用以下步骤：

(1) 去掉盖板 6。

(2) 拆除密封圈 1 并拆下盖板 2。

(3) 拆除密封圈 3，向采空侧抽出牵引电机 5 的剪切轴 4 。注意：剪切轴 4 断裂时，剪切轴剩余部分将和螺杆 M12 分离。

(4) 将新的剪切轴 4 放入牵引电机 5 的安装位置。

(5) 安装密封圈 3。

(6) 将盖板 2 置于牵引电机 5 的安装位置并安装密封圈 1。

(7) 安装盖板 6。

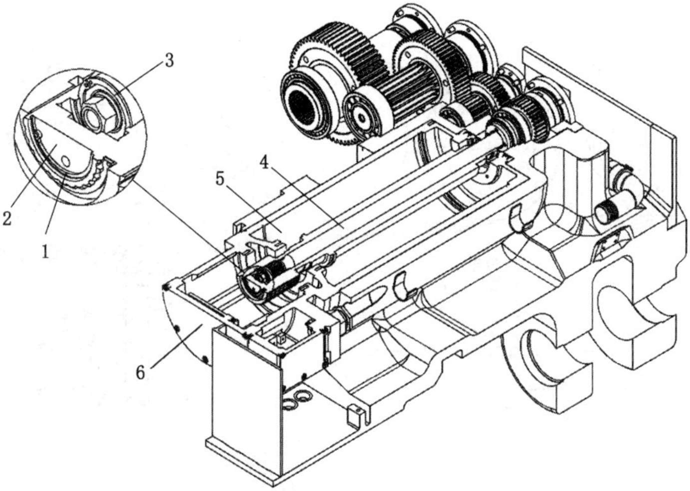

图 6-15　牵引电机的剪切轴

（六）更换齿轨轮和滑靴

如图 6-16 所示。

拆除和组装建议采用如下的步骤：

(1) 从输送机上拆除挡煤板。

(2) 将下一个可触及的齿轨从机器的左或右链轮箱 1 的行走装置上拆除(如果需要可拆除 2 节齿轨)。注意：在接下来的工作中机器必须断电并防止未经允许的再启动；抬起仅指滑靴 6 和轴 4 不再承重。

(3) 拧下在链轮箱体 2 中固定轴 4 的六角螺栓 3，取下螺栓 9。

(4) 取下轴固定座，从工具箱取出螺纹转接 7 并从张紧装置组件中取出液压张紧工具 8(M64×4)，将其拧入轴 4，轴 4 通过压力加载从采空侧卸下。

(5) 在安装区域抬起机器以便从链轮箱体 2 中拆出带有齿轨

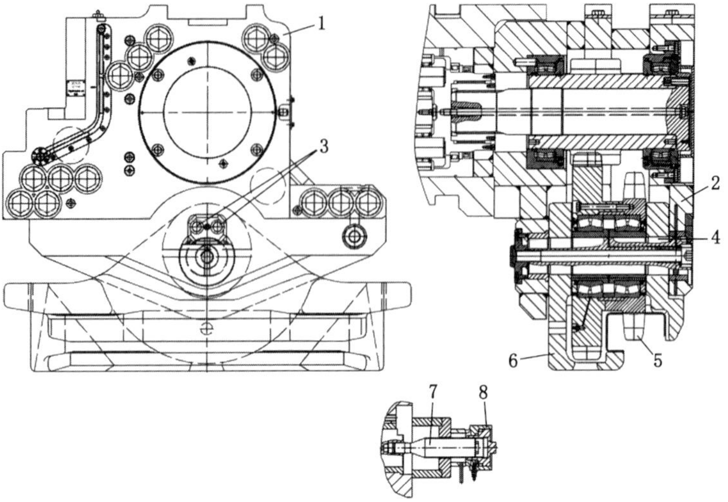

图 6-16　齿轨和滑靴

轮 5 的滑靴 6，从箱体 2 下拆出带有齿轨轮 5 的滑靴 6，取出滑靴 6 中的齿轨轮 5。从齿轨节空隙处抽滑靴 6 并将其拆下。

(6) 新滑靴 6 装入齿轨上并推至链轮箱体 2 前面，在滑靴 6 上安装齿轨轮 5，将带有齿轨轮 5 的滑靴 6 推到链轮箱体 2 下部。

(7) 降低机身使链轮箱体 2、滑靴 6 和齿轨轮 5 三者的中心孔同心以便穿入轴 4。注意：装入轴时使用配套的工具来抬高齿轨轮。

(8) 将轴 4 装入链轮箱体 2、滑靴 6 和齿轨轮 5 三者的通孔。

(9) 在链轮箱体 2 上用六角螺栓 3 和轴架/座固定轴 4。

(10) 装上螺栓 9，降低机器到滑靴 6 上，安装齿轨。在输送机上安装侧制动器。

(七) 更换安全离合的剪切销

安全离合如图 6-17 所示。

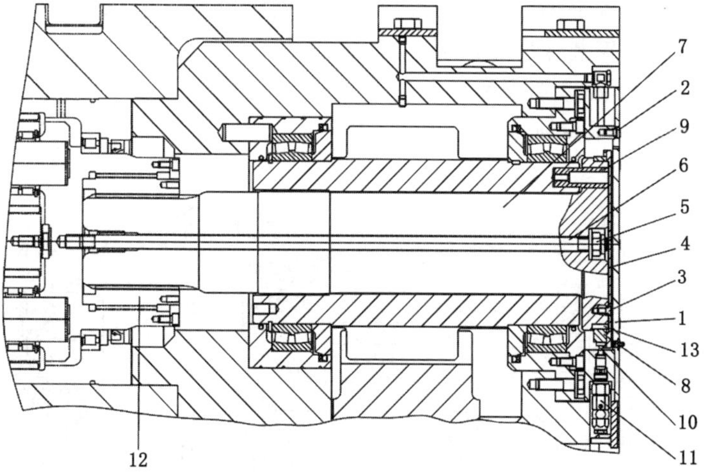

图 6-17　安全离合

建议采用如下的步骤：

(1) 通过拧开 7 个六角螺栓 2 取下保护盖板 1。

(2) 扭下螺栓 3 拆下外部偏心轮 4。

(3) 扭下六角螺母 5 和螺纹杆 6。

(4) 离合轴 7 和内部偏心轮 8 使用顶丝(2×M12)拆下。

(5) 使用合适的工具卸下磨损的剪切销 9。注意：偏心轮 4、8 和活塞 10 在重新安装前进行清洁。

(6) 离合轴 7 及内部偏心轮 8 重新装入并用螺纹杆 6 和六角螺母 5 固定。注意：若离合轴 7 的齿不能和行星传动 12 的齿啮合，或者剪切销无法插入孔中，用适当的工具手动转动牵引电机的驱动轴直到离合轴 6 的齿啮合进驱动轴颈齿轮的间隙。

(7) 用手将泵 11、活塞 10 压紧内部偏心轮 8，外部偏心轮 4

装入离合轴 7。注意偏心轮盘之间泵活塞的正确位置。注意:键 13 卡入外部偏心轮 4 中。

(8) 外部偏心轮 4 使用螺栓 3 紧固。

(9) 安装保护盖板 1。

(八) 更换驱动轮

如图 6-18 所示。

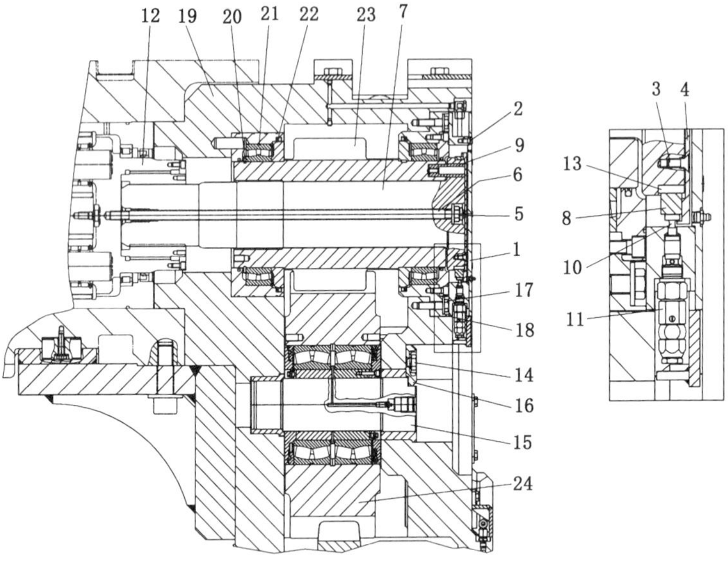

图 6-18 驱动轮

建议采取以下步骤:

(1) 拧下螺栓 2 卸下盖板 1,抽出螺栓 3,取下外部偏心轮 4。

(2) 六角螺母 5 拧下,卸下螺纹杆 6,离合轴 7 及内部偏心轮 8 使用顶丝(2×M12)卸下,离合销 9 使用工具拆下。

(3) 活塞泵 11 及管线拆下。注意:之前需将链轮箱内的齿轮油油缸排空,并用适当容器保存。

(4) 用于固定中间轮轴 15 的螺栓 14 从链轮箱体 19 中抽出。

(5) 从采空侧取下轴座 16 和中间轮轴 15(如需要可使用工具箱中的螺纹适配器和张紧工具中的 M64×4),螺栓 17 扭下盖板 18,驱动轮 23 及轴承用工具从壳体 19 中卸下。

(6) 取下安全环 20 和轴承 21 和滑动环 22,驱动轮 23 及轴承装入壳体 19 中,注意不要损坏密封环。装上盖板 18 和螺栓 17,注意不要损坏密封环,连接管路和活塞泵 11。注意:偏心轮 4,8 和活塞 10 在重新装入前进行清洁。

(7) 离合轴 7 和内部偏心轮 8 和剪切轴 9 重新装入并使用螺纹杆 6 和螺母 5 固定。注意:若离合轴 7 的齿不能和行星传动 12 的齿啮合,或者剪切销无法插入孔中,用适当的工具手动转动牵引电机的驱动轴直到离合轴 6 的齿啮合进驱动轴颈齿轮的间隙。

(8) 泵 11 的活塞 10 用手压紧在内偏心轮 8 上,外部偏心轮安在轴上。注意:键 13 卡入外部偏心轮 4 中。

(9) 外部偏心轮 4 用螺栓 3 固定。

(10) 盖板 1 重新装好。注意:安装中间轮 24 的轴时,可用工具通过前部安装开口在箱体 19 提升,直到中间轮轴 15 的孔和链轮箱 24 的孔在一直线上。

(11) 装入中间轮轴 15,并用六角螺栓 14 固定轴座 16。注意:齿轮油箱按照规定注满,活塞泵 11 根据规定进行排气。

(九) 导向滑靴的磨损测量

如图 6-19 所示。

各垂直表面的磨损测量可通过确定各方向规定的公差范围来检查。

若在水平和垂直方向上的磨损都已达到公差极限,请确保更换新件或者进行补焊和表面处理。该工作应不仅保证齿轨和滑靴之间有足够的间隙,而且应保证齿轨轮和齿轨可最佳地啮合。

若齿轨相比全新状态磨损超过 5 mm,其已经不适合继续配

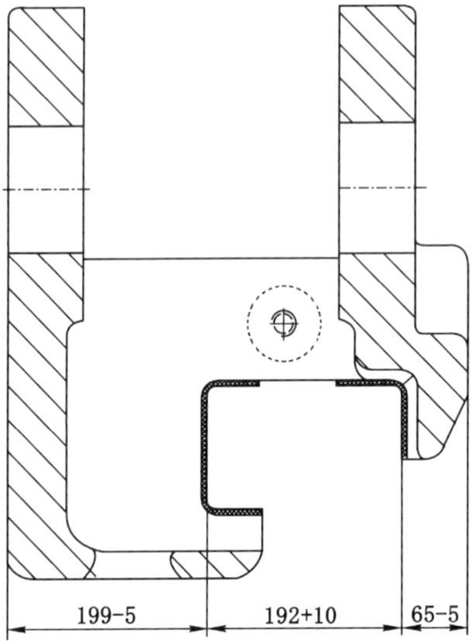

图 6-19　导向滑靴的磨损量

合采煤机正常的工作。这种情况下强烈建议用新齿轨更换已磨损的齿轨。

（十）平滑靴的磨损测量

如图 6-20 所示。

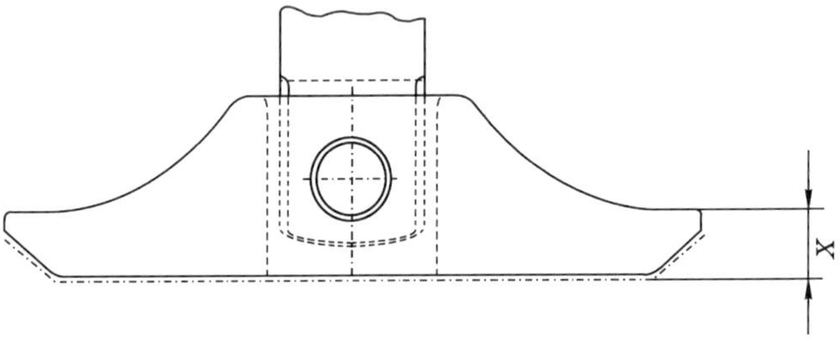

图 6-20　平滑靴的磨损测量

新的平滑靴的规格是 X 为 75 mm。当它的规格≤65 mm，必须更换新的。

三、电控箱

采煤机的电控箱是采煤机的组成部分，位于采煤机中部，在两个牵引部之间。电控箱主要由电控箱壳体、低压开关箱、高压开关箱、牵引控制开关箱和变压器箱组成，如图 6-21 所示。

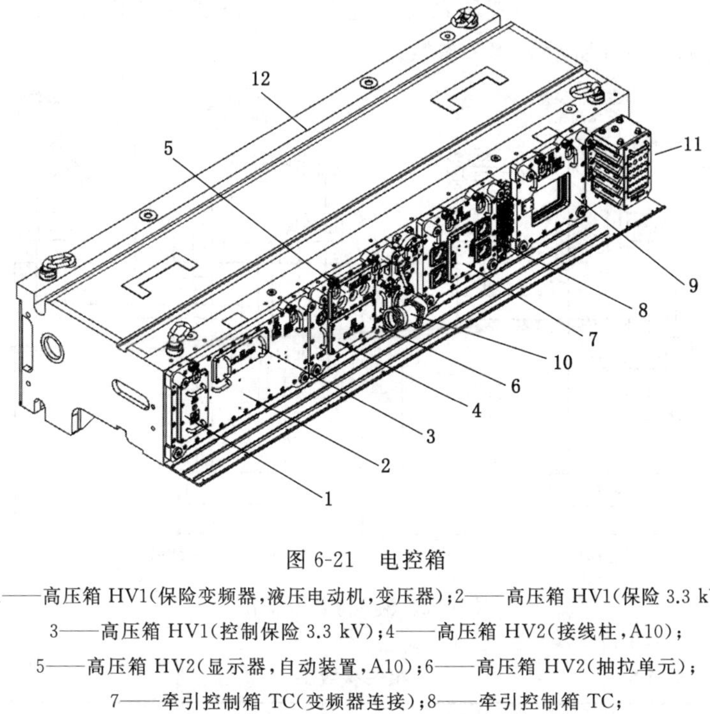

图 6-21　电控箱

1——高压箱 HV1(保险变频器，液压电动机，变压器)；2——高压箱 HV1(保险 3.3 kV)；
3——高压箱 HV1(控制保险 3.3 kV)；4——高压箱 HV2(接线柱，A10)；
5——高压箱 HV2(显示器，自动装置，A10)；6——高压箱 HV2(抽拉单元)；
7——牵引控制箱 TC(变频器连接)；8——牵引控制箱 TC；
9——低压箱 LV(控制)；10——供电电缆连接(插头和插座)；
11——连接箱"i"；12——连接箱 "d"

第二节　液压系统的工作原理

液压系统主要完成左右摇臂升降、顶保护板升降、升起和降下破碎机和驱动加油装置的功能，所有功能均可手动控制或电控。

一、液压系统

图 6-22 所示为液压系统功能图，图 6-23 所示为液压系统布置图，表 6-8 所示为相关参数。

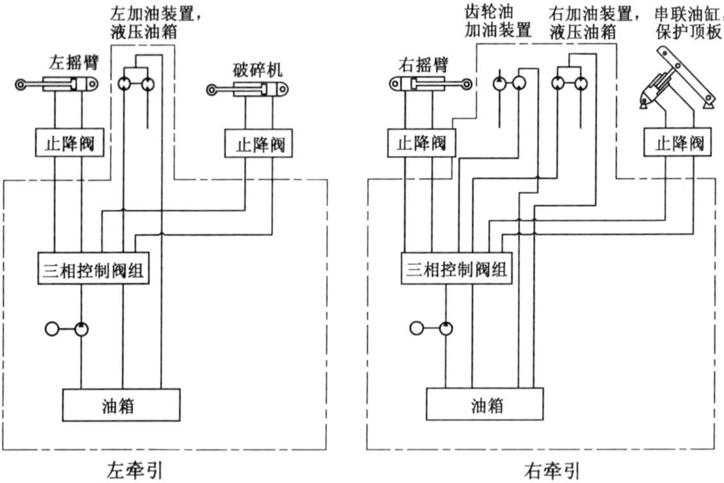

图 6-22　液压系统功能图

表 6-8　　　　　　相关参数

位置	名称	数量	技术指标
1	油箱	2	
2	空气滤清器	2	
3	真空过滤器	2	100 μm

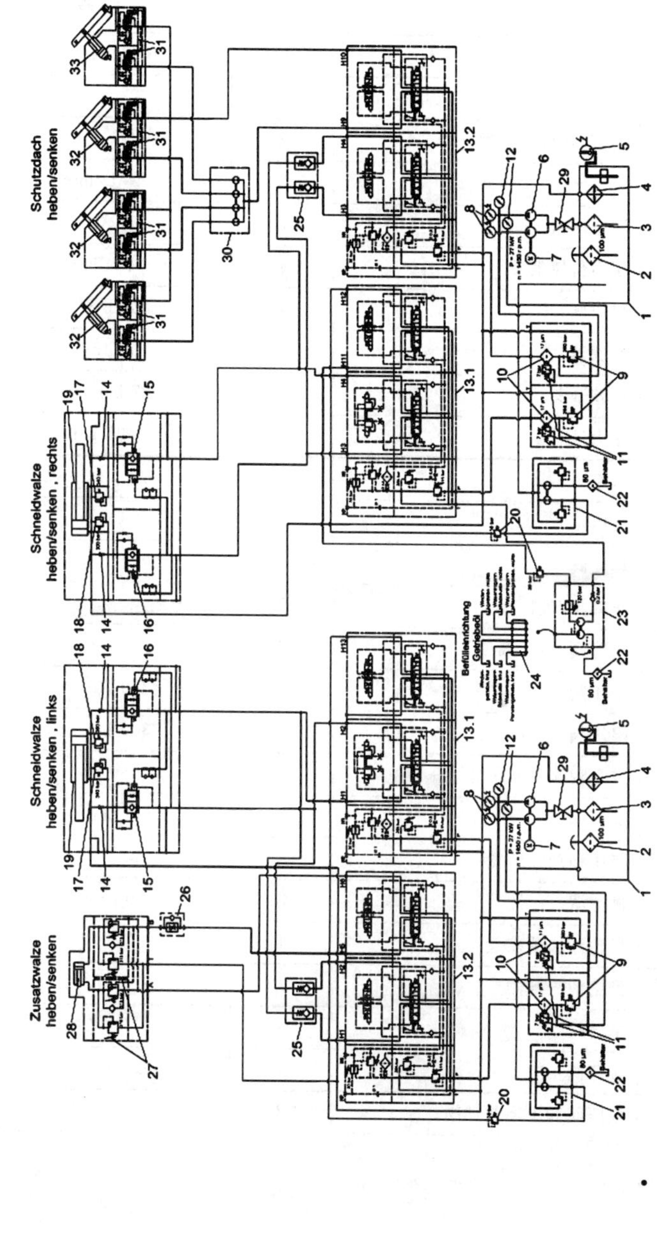

图 6-23　液压系统布置示意图

续表 6-8

位置	名称	数量	技术指标
4	油冷却器	2	
5	温度/油位传感器	2	
6	液压泵	2	2×46 L/min
7	液压电机	2	27 kW
8	压力传感器	4	0～400 bar
9	限压阀	4	280 bar
10	过滤器	4	17 μm
11	压差开关	4	7 bar
12	压力计	4	0～400 bar
13.1	阀组	2	
13.2	阀组	2	
14	单向阀	4	
15	止降阀/液压锁	2	
16	止降阀/液压锁	2	
17	限压阀	2	340 bar
18	限压阀	2	300 bar
19	带行程测量系统的液压油缸	2	
20	限压阀	3	30 bar
21	液压油加油装置	2	
22	过滤器	3	80 μm
23	齿轮油加油装置	1	
24	齿轮油分配器	1	
25	单向阀	4	
26	减压阀	1	
27	限压阀和下降制动阀	2	

续表 6-8

位置	名称	数量	技术指标
28	带行程测量系统的液压油缸	1	
29	气门、闸门	2	
30	分流器	1	
31	限压阀和止降阀	8	
32	液压油缸	3	
33	带行程测量系统的液压油缸	1	

1. 工作原理

液压泵 6 通过闸门 29，吸油管和吸油过滤器 3 从油箱 1 中抽出液压油。从液压泵 6 吸出的油通过 2 个分开的路径进入高压过滤器 10。每个路径通过压力传感器 8 来进行电子检测。滤芯 10 的污垢情况是通过一个压差开关 11 检测。每个管路含有一个限压阀 9 作为安全件。

通过高压过滤器 10 之后液压油到达阀块单元 13。路径里的循环压力和工作压力可从压力计 12 上读出。通过启动所需要的功能，油液从控制阀门 13.1/13.2 到达相应的伺服单元，例如滚筒摇臂升降油缸。

液压油缸 19 包括用于闭气的密封在静止状态在活塞杆腔和活塞腔的连接反冲阀 14 及下降闭锁阀 15/16。液压油缸 19 的下降闭锁阀 15/16 服务于摇臂的无回流下降，首先活塞腔侧的下降闭锁阀 16 通过与其对应的活塞杆腔侧的压力加载经过控制连接通过活塞杠腔侧的压力如限压阀被打开。当油缸内部压力在静止状态时通过外界压力超过了其规定的允许值，相应的油缸自身的二级安全阀 17/18 的限压阀会打开。这个会在活塞杆腔和活塞腔之间直接控制油液交换，其通过液压油缸的单向阀 14。多余的油流回至油箱。摇臂液压油缸 19 可以根据过速需求使速度翻倍。

液压泵 6 里的 2 个供油油量通过额外的阀门单元 13.2 和一个单向阀 25 给油缸 19 的活塞室和环形室供应。多余的液压油通过阀门单元 13.1 流回油箱。

在两个牵引的液压系统中各有一个注油装置 21 来为油箱 1 注油。其可在液压驱动工作的条件下通过操作阀门单元 13 来使用。注油装置的允许压力会通过限压阀 20 来调节。液压油通过注油装置 21 的一根管子和一个过滤器 22 来吸入并直接通过另外一个管子泵入油箱 1。在注油和工作的情况下,空气会通过空气滤清器 2 吸入和吐出来保证空气平衡。液压液体的液位和温度通过电子测试仪 5 监测和显示。回流至油箱的油流过油冷却器 4。

2. 齿轮油的注油装置

所有采煤机的齿轮油腔可以通过注油装置注油。齿轮油注油装置 23 可手动或者经遥控通过阀组 13 在右牵引处操作。注油装置允许的压力通过限压阀 20 来进行调节。齿轮油通过一根软管从注油装置吸入,过滤器 22 经分配器 24 到达所对应的齿轮腔。

3. 破碎机

破碎机的升降通过液压油缸 28 来完成。活塞室和环形室各自通过下降制动阀 27 分配。破碎机平稳下降时要关注,在外部压力影响下保护油缸内部压力过高。可调节的减压阀 26 在破碎机下降时能够避免此情况。行程测量系统控制破碎机的位置。

4. 顶护板

4 个液压油缸 32 和 33 移动顶护板。分流器 30 同步控制油缸的活动。行程测量系统控制顶护板的位置。

二、摇臂升降油缸的部件

如图 6-24 所示,摇臂通过连接头 A 和 B 与运动控制模块连接。

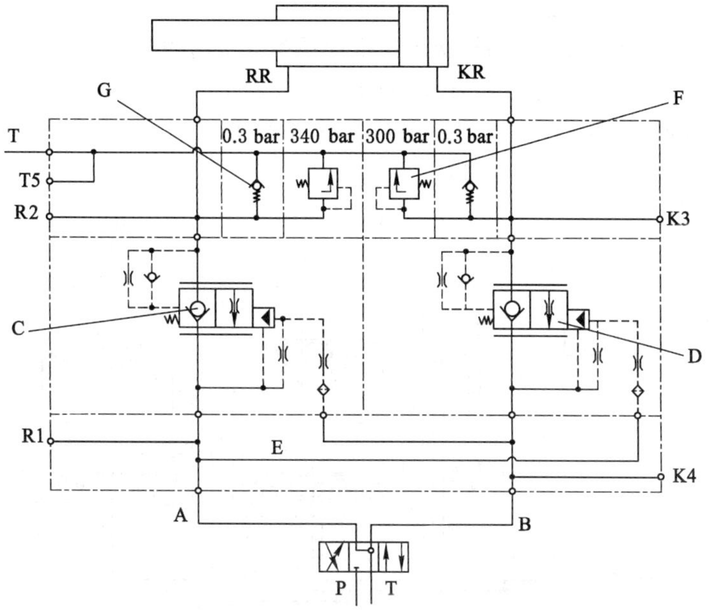

图 6-24　摇臂升降油缸的部件

当液压从 A 连接处加载时,液压油通过下降制动阀的单向阀 C 流入油缸 RR 环形室,使摇臂下降。同时控制液压油通过控制管路 E 到下降制动阀 D 并在节流位置上的闭锁位置关闭,这样液压油从活塞室 KR 通过 B 流回到油箱室。流动的液压油节流对摇臂有好处,使摇臂平稳下降。提升摇臂通过 B 的活塞室 KR 液压油来供应。

当控制过程完成或管路有裂缝时, 阀门 C 和 D 会直接作用以便密封关闭油缸。

二级压力安全阀在外来压力超出允许值时保护油缸。例如当活塞室 KR 里的压力高于 300 bar 时,打开限压阀 F,液压油只通过单向阀 G 流入环形室 RR, 使得在活塞室 KR 里压力下降。多余的油通过 T 连接到油箱。

三、双阀组(控制阀块可实现伺服单元所需功能)

每个控制阀块由系统安全阀块 A 和两个或三个多通阀/电磁控制阀组(例如 B1＋ B2)组成。图 6-25 所示为双阀组的控制组件。

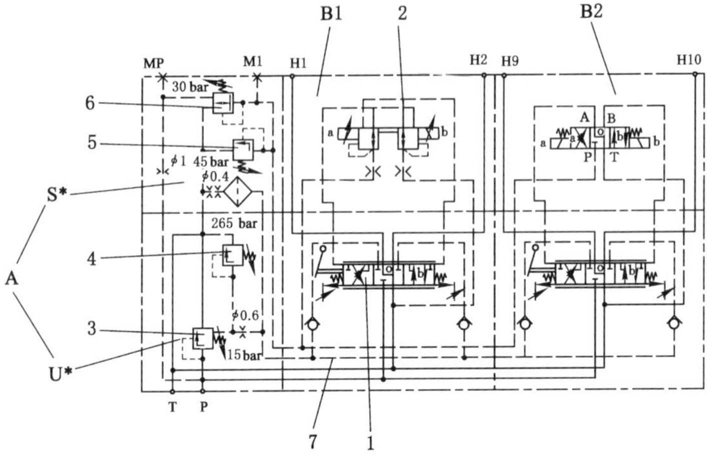

图 6-25　双阀组的控制组件

S* ——控制供油量;U* ——流通阀

伺服单元需要的功能是由一个三位四通主阀 1 来操作。油液从 1 经过压力管路 P 到 H1 或 H2(取决于开关转向),之后到达伺服单元并再经 1 回流至 T。该多通主阀 1 由电磁阀 2 液压控制。电磁阀 2 通过计算机从遥控器或手动指令发生器获得指令。

阀块 A 给电磁阀 2 提供 15 bar 的控制油压。此压力是在系统安全阀 3 上设定的,最小值为 15 bar。当某项功能启动后,压力超过 30 bar 时,减压阀 6 起保护控制元件作用。这是因为控制油压和工作油压都来自 P 管。

一旦减压阀 6 损坏，压力值超过 45 bar 时，安全阀 5 就对控制元件进行附加保护。

在工作状态下，所要求的工作压力通过载荷油管 7 作用在系统安全阀上，然后封闭后者。

安全阀 4 把工作压力限制在 265 bar 以内。

四、采煤机各部位注油量

如图 6-26 和表 6-9 所示。

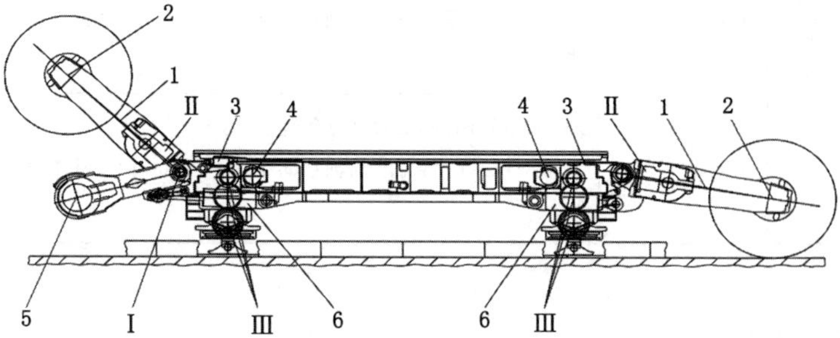

图 6-26 注油部件

表 6-9 **各部位注油量**

部件		工作液/油脂	数量(大约)
1	摇臂正齿轮	CLP 320 齿轮油	77 L
2	摇臂行星轮	CLP 320 齿轮油	50 L
3	液压油箱	HLP 100 液压油	115 L
4	牵引齿轮	CLP 320 齿轮油	43 L
5	破碎机滚筒	CLP 320 齿轮油	6 L
6	链轮箱	CLP 320 齿轮油	11 L
Ⅰ	摇臂座	Optipit Optimol(锂-12-羟基专用润滑脂，用于普通和滚子滚动轴承)	0.1 kg

续表 6-9

部件		工作液/油脂	数量(大约)
Ⅱ	摇臂座	Optimol Optipit	0.2 kg
Ⅲ链轮箱	齿轨轮	Klüberlub BE 41-1501(克鲁勃无铅重型低速高负荷滚动轴承润滑脂)	约 1.5 kg
	中间轮	Klüberlub BE 41-1501(克鲁勃无铅重型低速高负荷滚动轴承润滑脂)	400 g
	驱动轮	Klüberlub BE 41-1501(克鲁勃无铅重型低速高负荷滚动轴承润滑脂)	约 200 g(每个轴承)

第七章　采煤机的操作与维护

第一节　采煤机的安全操作与维护

采煤机司机是采煤机的主要操作者和维护保养者，司机的安全操作水平是关键，它直接影响工作面的安全生产、工作面产量，是能否实现高产高效的重要因素。因此，作为一个合格的采煤机司机，应能懂得所用设备的结构、原理和性能，懂采煤工艺，并会正确操作、会检查、会维护保养和会排除故障。

一、采煤机司机操作与维护的注意事项

(1) 未经专门培训或按规定未取得特种作业人员安全资格证书(IC卡)的人员不得上岗开机。

(2) 应严格执行煤矿“三大规程”和岗位责任制，现场交接班制度及维护保养制度。

(3) 无喷雾冷却水或水的流量、压力达不到相关规程的规定时不准开机。

(4) 刮板输送机未正常启动运行时不得开机。

(5) 按规定在采煤机上必须设置的机载式甲烷断电仪或便携式甲烷检测报警仪所指示的甲烷浓度大于或等于1%时不得开机(其报警浓度为不小于1%，断电浓度为不小于1.5%，复电浓度为不大于1%)。

(6) 开机前要先喊话，并发出响应的预警信号，仔细观察机器

周围的情况，确认无不安全的因素时方可开机。

(7) 点动电动机，在其即将停止转动时操作截割部离合器。

(8) 禁止带负荷启动或频繁点动开机。

(9) 截割滚筒上的截齿、喷嘴应无短缺或失效。

(10) 采煤机在割煤过程中，要注意割直、割平并严格控制采高，防止工作面出现过度弯曲或顶板出现台阶式状况，注意防止割支架顶梁或输送机铲煤板。

(11) 工作面遇有坚硬夹石或硫化铁夹层时应放震动炮处理，不能用采煤机强行截割。

(12) 采煤机运行时，应随时注意电缆和水管拖移情况及牵引机构运行情况，以防损坏或掉道。

(13) 主机发出异常声响或过热以及机器发出严重震动时，必须立即停机检查，待处理好后方可继续开机。

(14) 采煤机停机时，应先停牵引，再停电动机。

(15) 除紧急情况外，不允许在停止牵引前用停止按钮、隔离开关、断路器或紧急停止按钮来直接停止电动机。

(16) 在采煤工作过程中，防滑装置应可靠。不应在防滑装置失灵的情况下继续开动机器。

(17) 需要较长时间停机时，应先让输送机运完中部槽中的煤后，再按顺序停电动机，再断开隔离开关，脱离离合器，切断磁力起动器隔离开关，然后闭锁输送机。

(18) 检查滚筒或更换截齿时，应切断电动机电源，断开截割部离合器和隔离开关，并闭锁刮板输送机；让滚筒在适宜的高度上用手动滚筒检查和更换截齿。

(19) 翻转挡煤板时要正确操作，以防损坏挡煤板。

(20) 工作面瓦斯、煤尘超限时，应立即停止割煤，必须按规定停电、撤出人员。

在长期生产实践中，采煤机司机的维护操作方面积累了丰富的经验，总结出“十字”要诀，即“平、直、匀、净、严、准、细、紧、勤、精”。具体内容时：顶板要割平；煤壁要割直；采煤机牵引速度要均匀；落煤要尽量装净；执行规定、规程、制度要严格；操作动作要准确；检查要仔细；时间要抓紧；要勤于检查维护；保养要精心。

二、采煤机司机的安全操作

采煤机司机操作程序的正确与否是保证设备安全运行、降低事故和提高生产率的主要方面。因此，采煤机司机必须掌握所用设备的操作程序。

（一）操作机器前的检查

为了保证机器正常安全工作，在操作前机器前必须进行以下各项的检查：

（1）检查工作面电压，看是否符合采煤机所需电压。

（2）加注工作液体并检查油位。

（3）接通并打开工作面水管。

（4）检查左右牵引电机是否以同样的方式连接（连接方式不同，有过载危险）。

（5）检查所有液压功能。

（6）对外表的明显渗漏进行目测。

（7）检查所有的控制开关及紧急停止开关。在机器投入生产前，应严格检查所有安全保护设施的功能是否正常。

（二）安全操作说明

（1）采煤机的操作人员必须遵守《煤矿安全规程》和相关作业规程以及本采煤机的有关规定。

（2）只有经过严格培训的人员才允许操作采煤机。

（3）尽管有启动报警系统，但是操作人员在启动采煤机前必须确保采煤机工作范围内没有人员停留。

（4）工作结束时，应将采煤机置于一个安全的位置。长时间停机时，应将左右摇臂降到地板上。

(5) 每次开机前必须确保截割电动机空载启动。

(三) 采煤机的安全操作与控制

1. 采煤机安全操作的有关规定

(1) 上岗条件

滚筒采煤机司机必须熟悉滚筒采煤机的性能及构造原理和作业规程,善于维护和保养采煤机,懂得回采基本知识,必须经过专业技术培训,考试合格后方可持证上岗。

(2) 安全规定

① 滚筒采煤机司机要与工作面输送机司机、移刮板输送机司机、支护工(或液压支架工)等密切合作,按顺序开机、停机。

② 启动采煤机前,必须巡视采煤机周围,确认对人员无危险和机器转动范围内无障碍物后,方可接通电源。改变采煤机牵引方向时,必须先停止牵引。

③ 严禁强行截割硬岩和带载启动、带病运转,按完好标准维护保养采煤机。

④ 采煤机割煤时,必须开启喷雾装置喷雾降尘。

⑤ 采煤机因故暂停时,必须断开隔离开关和离合器。采煤机停止工作、司机离开采煤机或检修时,必须切断电源,断开其磁力起动器的隔离开关。

⑥ 拆卸、安装挡煤板和补换截齿时,必须停止采煤机,摘开滚筒离合器、闭锁工作面刮板输送机。

⑦ 工作面倾角在15°以上时,其防滑装置要安全可靠。

⑧ 严禁用采煤机牵拉、顶推、托吊其他设备、物件,否则必须制定相应的安全措施。

(3) 一般规定

① 采煤工作面必须正规开采,严禁采用高落式采煤、巷道式采煤和仓储(房)式采煤。采煤机正、副司机必须熟悉采煤机的性能及构造原理,通晓相应的操作规程,按完好标准维护保养采煤

机，懂得回采基本知识和本工作面作业规程，经过培训考试并取得合格证后，方能持证上岗。

② 要与工作面及运输平巷输送机操作工、转载机操作工、移溜操作工、支护操作工等密切合作，按规定顺序开机、停机。

③ 不准强行截割硬岩。

④ 电动机、开关附近 20 m 以内风流中瓦斯浓度达到 1.5% 时，必须停止运转，撤出人员，切断电源进行处理。

⑤ 遵守《员工基本行为规范》及有关采煤机的规定。

2. 进入采煤工作面前的准备、检查与处理

(1) 进入采煤工作面前，先由瓦斯检查工、值班班长或带班班长及 1～2 名有经验的员工一起到工作面(煤壁、工作面顶底板、采空区侧、进回风巷)进行全面检查，检查的重点项目如下：

① 工作面通风情况与瓦斯涌出情况。

② 顶底板完好情况。有无浮岩、伞檐、裂缝、顶板离层及工作面顶板的支护情况等。采煤工作面严禁使用木支柱支护(极薄煤层除外)和金属摩擦支柱支护。采用综合机械化充填采煤时，充填区域风速应满足工作面最低风速要求；有人进行充填作业时，严禁操作该区域的液压支架。

③ 检查各种电气设备是否完好。刮板输送机、带式输送机的固定是否牢靠，安全保护装置是否齐全、灵敏可靠，信号是否能正常使用，牵引链、胶带是否磨损超限；甲烷传感器位置是否符合要求；综合防尘水管是否到位。

(2) 全体作业人员对各自位置安全情况再进行一次检查，特别是临时支护是否合格，使用设备是否灵敏可靠，风、水、电供给是否正常，工作位置是否存在安全隐患等。对存在问题和隐患进行处理，及时消除，然后方可生产。

(3) 采取防突措施的采煤工作面，在进行采煤前还必须核查和确定防突起止位置和本班采煤起止位置，严禁超采和未采取有

效防突措施就采煤。

3. 接班

(1) 准时进入工作面,对沿途有关设备、支护情况进行检查,在机组位置交接班。注意两巷及工作面危险区和禁区。

(2) 询问交班操作工上班设备、运行情况、割煤情况、工作面的地质变化情况和出现问题的处理情况。防止顶板、三角煤漏顶片帮伤人。

(3) 现场检查,包括以下内容:

① 工作面采高及顶、底板情况。

② 采煤机行走齿轨的连接、电缆及水管的完好情况。

③ 采煤机滚筒截齿的损坏情况。

④ 采煤机机道和刮板输送机良好状况以及采煤机前后的障碍情况。

⑤ 采煤机保护装置的完好情况。《煤矿安全规程》规定:采煤机上装有能停止工作面刮板输送机运行的闭锁装置,启动采煤机前,必须先巡视采煤机四周,发出预警信号,确认人员无危险后,方可接通电源。采煤机因故暂停时,必须打开隔离开关和离合器。采煤机停止工作或检修时,必须切断采煤机前级供电开关电源并断开其隔离开关,断开采煤机隔离开关,打开截割部离合器。

⑥ 刮板输送机的溜槽连接、挡煤板导向管的连接是否完好。

⑦ 电缆槽上有无大块煤矸,电缆托卡、连接环有无脱销、裂缝现象。

⑧ 电缆水管悬挂位置有无破口滴漏现象,拖电缆的连接环、销是否符合规定。

⑨ 支架防片帮板以及前探梁状况,刮板输送机平直程度及溜槽情况。

(4) 根据采煤机的运行情况,对存在的问题通过验收员或班组长协同处理,遗留问题要落实责任,向上汇报。

(5) 履行接班手续,准备上岗作业。

4. 作业前的检查

认真做好交接班工作,全面检查煤壁、煤层厚度和顶底板变化以及工作面支护、开切口准备等情况,发现问题应及时向带班班长和有关人员报告,妥善处理。

采煤机操作工接班后,正操作工站在采煤机电控箱前,2 名副操作工分别站在左、右截割部前,进入工作岗位。

(1) 对采煤机的检查与处理,包括以下内容:

① 将采煤机隔离开关打到“断电”位置,要求各连接螺栓、截齿齐全、紧固,截齿应锋利,各操作手把灵活可靠,各部分油量符合规定,各密封部位完好且无泄漏现象,各防护装置齐全、有效。

② 采煤机齿轨要固定牢靠,齿轮销轨啮合应良好。

③ 拖缆装置的夹板及电缆水管应完好无损、无刮卡。

④ 滑靴、导向管等的磨损量不超过规定值。

⑤ 冷却喷雾装置齐全,水压流量符合规定。

上述各项经检查和处理符合规定后,方能进行操作,严禁采煤机带病运转。当有下列情况之一时,不准开机割煤:

① 无冷却水或水量达不到要求。

② 遇有坚硬夹层超过采煤机截割硬度指标。

③ 刮板输送机出现急弯。

④ 采高低于作业规程要求。

⑤ 对违章指挥,采煤机司机有权拒绝执行。

(2) 更换截齿,包括以下内容:

①《煤矿安全规程》规定:更换截齿和滚筒时,采煤机上下3 m范围内,必须护帮护顶,禁止操作液压支架。必须切断采煤机前级供电开关电源并断开其隔离开关,断开采煤机隔离开关,打开截割部离合器,并对工作面输送机施行闭锁。具体操作时,将采煤机牵

引速度降零停止牵引，打开截割部离合器并将截割滚筒升到适当位置，检查液压支架支护情况，打出防片帮板。

② 切断电源，打开采煤机隔离开关，闭锁工作面刮板输送机，用手盘动滚筒，边转动边观察截齿短缺部位及磨损情况。

③ 更换截齿时，先将固定截齿的弹性柱销退下，再从滚筒齿座上拔下损坏的截齿，然后，按正确方向将新截齿安装到齿座上，打上固定销。

(3) 采煤机试运转。对采煤机检查完毕、更换截齿后，采煤机操作工在正式开机前，还需进行机器的试运转。

① 将电控箱隔离开关打到“接通”位置。

② 将采煤机和输送机的“急停闭锁”拉链开关打到“接通”位置。

③ 将采煤机和输送机的旋转控制开关打到“接通”位置。

④ 将采煤机牵引速度开关打到“0”位。

⑤ 正操作工点动启动按钮 2 次，若报警信号正常，则按紧按钮，使采煤机启动。按下启动按钮 1～2 s 无信号，应立即松开，请跟班电工检查。

⑥ 正操作工接近右截割电动机仔细倾听运转的声音是否正常、平稳，观察电动机的冷却水量是否正常，若不正常，则按下停止按钮，使电动机断电。

⑦ 在电动机即将停止转动时，合上截割部离合器。

⑧ 解除工作面刮板输送机闭锁，向输送机操作工发出开机信号，并向周围作业人员发出启动警报，10 s 后按下启动按钮，使采煤机启动，观察滚筒转向是否正常。

⑨ 试验左、右调高手把或按钮是否方向准确、动作可靠，调高后摇臂有无自行落下现象。

⑩ 操作控制按钮(旋钮)选择方向和速度，观察采煤机是否相应地向正反方向牵引。试验“旋转控制”开关是否能闭锁采煤机和

输送机。操作“急停开关”，试验是否灵活、有效、可靠。

上述各项试验与试运转项目进行完毕且确定无问题存在后，方准正式开机作业。

5. 采煤机的正常操作

采煤机启动前，操作工必须巡视采煤机周围，通知所有人员撤离到安全地点，确认机组转动范围内无人员和障碍物后，方可按下列顺序启动采煤机：

(1) 解除工作面刮板输送机的闭锁，发出开动刮板输送机的信号，然后使刮板输送机空转 1～2 min。

(2) 刮板输送机空转正常后，合上采煤机的隔离开关，按动启动按钮启动电动机，电动机空转正常后停止电动机，在电动机停转前的瞬间合上截割部齿轮离合器。

(3) 打开水阀门喷雾及供水。

(4) 发出启动信号，按下启动按钮，启动采煤机，检查滚筒旋转方向及摇臂调高动作情况。

(5) 经 2～3 min，采煤机空转正常后，发出采煤机开动信号，然后缓慢加速牵引，开始割煤作业。

6. 停机操作

(1) 正常停机操作：

① 按动牵引减速按钮，降低采煤机行走速度；

② 把牵引调速手柄打回到“0”位，停止牵引采煤机；

③ 将滚筒放到底板上，待滚筒内的煤炭排净后，用停止按钮停止电动机；

④ 断开摇臂离合器、关闭进水总截止阀，断开采煤机隔离开关，切断电源。

(2) 有下列情况之一时，应及时停机进行处理：

① 顶底板、煤壁有透水预兆，冒顶、片帮以及瓦斯浓度在 1% 以上时。

② 截割过程中主电动机发生闷车现象时。

③ 采煤机内部发生异常振动、声响和异味或零部件损坏时。

④ 采煤机上方刮板输送机上发现大块煤矸、杂物或支护用品时。

⑤ 工作面刮板输送机停止运转或挡煤板与溜槽错口较大，影响采煤机通过时。

⑥ 牵引手把或“停止”操作按钮失灵时。

⑦ 采煤机脱轨或拖缆装置被卡住时。

⑧ 供水装置无水或喷雾有故障时。

7. 收尾工作

(1) 班组长发出收工命令后，将采煤机停在切口附近或无淋水、支架完好的地点，将滚筒落在底板上。

(2) 必须把停放的采煤机的隔离开关、牵引速度手把和离合器手把扳到中间断开位置，关闭供水喷雾装置，清扫机器各部煤尘，切断运输平巷中的采煤机供电开关。

(3) 将工作面、运输巷的刮板输送机及带式输送机上的煤拉净并且推移完刮板输送机及支护设备后，发出停止刮板输送机及乳化液泵站等信号。

(4) 向接班操作工详细交代本班采煤机运行状况、出现的故障、存在的问题等，升井后按规定填写采煤机工作日志。

8. 操作注意事项

(1) 先供水后开机，先停机后关水。

(2) 未遇意外情况，在停机时不允许采用紧急停机措施。

(3) 随时注意滚筒位置，防止割碰顶梁或铲煤板。

(4) 随时注意电缆运动状态，防止电缆和水管挤压和跳槽等事故的发生。

(5) 注意观察油压、油温及机器的运转情况，如有异常，应立即停机检查。如液压系统控制油路压力（低压表表压）低于

1.3 MPa，应立即停机检查。

（6）经常观察油位、油温及声响，如有异常情况，应立即停车检查并及时排除故障。

（7）截割时，要经常注意顶底板、煤层、煤质变化和刮板输送机载荷的情况，随时调整牵引速度及截割高度。震动爆破时，采煤机必须离爆破地点 5 m 以外，并严格执行有关安全措施。

（8）截割时，要按直线割直煤壁，严禁截割液压支架顶梁、输送机铲煤板或割破人工假顶。

（9）改变采煤机牵引方向时，必须先停止牵引，使采煤机速度为“0”时，发出开机信号后，再将采煤机换向另一个方向，匀速加速开始牵引，严禁由正向直接向反向更换牵引方向。

（10）割煤时，随时注意行走机构的运行情况，观察采煤机前方有无人员和障碍物，有无大块煤矸石或其他物件从采煤机下通过。若发现不安全情况时，应立即停止牵引和截割并闭锁工作面刮板输送机进行处理。

（11）拆卸、安装工作面输送机的挡煤板时，必须使采煤机停止运转并闭锁工作面刮板输送机。

（12）不准用采煤机牵拉、顶推、拖吊其他设备、物件。

（13）发现截齿短缺必须补齐，磨钝的截齿应及时更换。补、换截齿时必须先将隔离开关扳到“断开”位，脱开截割部离合器，闭锁工作面刮板输送机。

（14）工作中牵引速度要由小到大逐渐匀速加大，严禁一次加大到最高速度，停止采煤机时必须先停止牵引。

（15）较长时间停机或下班时必须断开隔离开关，把离合器手把脱开，并关闭水阀开关。

（16）临时停机时，在电气隔离开关未停、滚筒离合器未脱离的情况下，司机不得离开岗位。

(17) 停机后如司机要暂时离开或长时间停机,要将两个滚筒放到底板上,将隔离开关打在断开位置,滚筒离合把手打在脱离位置上,关闭进水总截止阀。

(18) 一般应选择顶板完整、无淋水的位置停机,采煤机停止运转后,司机必须将所有的离合、隔离开关把手打在断开位置上。

(19) 采煤机必须在无载情况下停机。

(20) 电动机正常停机,不允许使用隔离开关把手,只有在特殊情况下或停止按钮不起作用时,才可使用,但此后必须检修隔离开关的触点。

9. 采煤工作面的质量要求

采煤工作面是多工种人员共同协作完成的多工序生产任务,采煤司机操作采煤机水平的高低直接影响着其他工序的顺利进行和安全。采煤司机必须做到安全和高效。

(1) 对采煤工作面的质量应做到“三平一直”。“三平一直”是指顶板平、底板平、煤壁平、煤壁直。“三平一直”的关键是把煤壁采直、采齐。否则,如果煤壁采不直,输送机和支架就不能移直;煤壁采不齐,在移架和推移输送机之前,就要增加人工清理煤壁的工作量。

(2) 应根据煤层的变化,按照规定的采高掌握滚筒高度。割顶煤时,既要使顶板保持平整不留顶煤,又不能破坏顶板。割底煤时要求底板平整,不留底煤,在一般情况下不应切割底板。分层开采的上、中分层工作面,底板就是下一分层的顶煤,如果不严格掌握采高,往往会丢掉本分层的顶煤,而把下一分层的顶煤割掉,给底分层的回采工作带来困难。

10. 采煤机操作人员“手指口述”安全操作规范

如表 7-1 所示。

表 7-1　　采煤机操作人员"手指口述"安全操作规范

项目	眼看	手指	口述
启动前	是否有片帮、掉顶现象，检查顶底板、喷雾和溜槽、挡煤板连接情况	煤壁、顶板、喷雾和溜槽、挡煤板等	(1) 煤壁无片帮、掉顶现象，顶底板、喷雾和溜槽、挡煤板连接情况良好，确认完毕； (2) 内外喷雾、冷却水、水压、水量达到要求，确认完毕； (3) 滚筒截齿、齿座齐全完好，确认完毕
启动	启动前检查采煤机各部件，发出开机信号，按规定试运转，正确启动采煤机	采煤机各部件、启动信号	(1) 滚筒前后 5 m 范围内无其他人员，确认完毕； (2) 采煤机各部件良好，可以发出开启信号，打开喷雾，按规定试运转，正确开启采煤机，确认完毕； (3) 试运转无异响，可以正常截割，确认完毕
运行	协同作业，不割顶底板，不留顶煤、底煤，随时注意采煤机运行状况，发现异常立即停机	顶底板，顶煤、底煤，采煤机	没有割住顶底板，没留顶煤、底煤，采煤机运行状况正常，确认完毕
停机	打开采煤机隔离开关和离合器，闭锁工作面输送机	采煤机隔离开关、离合器、滚筒、工作面输送机	(1) 停机处顶板完整，无冒顶、帮危险，确认完毕； (2) 滚筒截齿、齿座齐全完好，确认完毕； (3) 滚筒无缠绕物，确认完毕； (4) 采煤机离合器、隔离开关已打开，喷雾水已关闭，可以离开，确认完毕

三、艾柯夫采煤机司机的安全操作

（一）安全操作说明

（1）采煤机的操作人员必须经过良好的培训并且具备相应的资格。

（2）操作人员必须佩戴相应的防护装置，包括防噪，防煤尘等。

（3）尽管采煤机配有预启动报警系统，但是司机开机前，必须确保采煤机附近没有人员工作。

（4）开机前，必须检查各部润滑和供水情况，是否按规定加注了工作液体。截割电动机关断后，应关断冷却水供应。

（5）开机前，必须检查所有的操作手把、控制按钮和“急停”开关，要求其位置要准确，动作灵活而且可靠。

（6）采煤机工作前，必须检查两个滚筒的旋转方向，必须做两个滚筒的空运转实验，避免“焖车”危险，不允许滚筒被堵塞时启动截割电动机，否则会导致电动机损坏。

（7）当截割电动机的负载电流超过 2.5 倍的额定电流时，采煤机自动反向牵引。

（8）采煤机工作结束后，应该移动到一个适当的安全位置，两个摇臂头应下降到地面。

（9）出现危急情况时，司机必须立刻使用“紧急停止”按钮关闭采煤机。

（10）“紧急停止”按钮由电控箱提供。

（二）开机前的检查

采煤机在每次使用前和每次维修后重新启动前必须进行如下检查：

（1）检查工作面供电电压，是否符合采煤机所规定的电压。

（2）注满所需工作液体并检查油位。

（3）连接工作面供水并打开。注意：没有工作面供水时不能开启液压系统和水路系统;没有冷却水时不能开启牵引驱动。

(4) 日检外部是否有未密封的部位。

(5) 检查液压油和驱动油油位,有必要的话补油。

(6) 需注意,液压油管,水管和电线不可受压或者有损伤。

(7) 检查急停拉绳开关的功能:

① 打开"急停"拉绳开关;

② 打开隔离开关;

③ 按采煤机开机键;

④ 在 IPC 启动后,确认所有电动机开关启动,在所有减速机运行后,操作"急停"拉绳开关,关闭所有驱动。

(8) 检查采煤机关闭键功能:

① 脱开"急停"拉绳开关;

② 按采煤机开机键;

③ IPC 启动后,按采煤机关机键,显示屏黑屏。

(9) 检查关闭运输机键功能:

① 脱开按键"关闭运输机";

② 开启运输机;

③ 按下"关闭运输机"按键;

④ 运输机被关闭。

(10) 接地监测功能(通过键盘上 F1 键在显示器上调出"接地测试"菜单,按如下顺序选择功能):

① 接地测试,左截割电动机;

② 接地测试,右截割电动机;

③ 接地测试,破碎机;

④ 接地测试,变压器。

(11) 检查左右牵引电机是否向同一方向转动:

① 屏蔽左侧电动机;

② 启动右牵引电机,检查采煤机牵引方向是否与有线指令发

生器或遥控器指令发生器上的箭头一致。如果两个方向相同，右牵引电机连接正确。如果不是这样，电动机的电气连接必须更换，并再次检查是否存在故障。

用同样的方法检查左侧电动机的驱动情况。

（三）每班前/后检查

为避免操作中出现不必要的麻烦，每班前后都应对下列项目进行检查。

（1）通过观察检查外部可见的问题，例如：裂缝、断口、磨损等。检查项目包括截齿、喷嘴、导向滑靴、齿轨轮、平滑靴、煤机供电电缆、采煤机电控和本安控制电缆以及是否有漏油。

（2）检查主要部件的磨损极限。

（3）更换磨损或丢失部件。

（4）清除煤机顶部任何影响煤机顺利操作和可能造成危险的浮煤。

（5）检查液压和齿轮油位，是否需要进行注油。

（6）检查滚筒喷雾（外观检查）。

（7）确保液压软管和电缆不受挤压和损坏。

（8）每班前检查接地故障显示。

（9）检查紧机停止开关（必要时必须再调整急停开关拉绳）。

（四）操作方法

1. 采煤机启动前必须满足的条件

（1）连接并打开工作面供水管路；

（2）挂上离合器（截割电动机和牵引部）；

（3）接通“紧停”拉线开关；

（4）开启“隔离开关”；

（5）按下采煤机“启动”键；

（6）如果负荷中心已确定在监测回路中无故障并准备就绪，可将端头站电压通过接触开关送入采煤机。

2. 启动

启动牵引之前，打开联锁：电动机温度、过流和短路断路器、接地故障闭锁都在允许范围，可在操作区或者借助于左右遥控器开启驱动单元。

可选启动模式：联合启动和顺序启动。

(1) 联合启动

按下联合启动按钮(截割电动机，泵电机和变频器开关 ON)。

按顺序设置：

① 预启动报警(蜂鸣器大约持续 7 s)，交流变频器开启；

② 预启动报警后，左截割电动机开启；

③ 紧接 2 s 后右截割电动机开启；

④ 再接 2 s 后泵电机开启。

(2) 顺序启动

① 按下按钮⏻，采煤机启动。

② 按下按钮⏻，启动液压电动机(预启动报警声停止后泵电机启动)。

③ 按下按钮⏻，启动截割电动机。启动报警声结束后，左侧截割电动机启动，2 s 后右侧截割电动机启动。

注意：如果在没有接通截割电动机和主泵电机的情况下，驱动采煤机，箭头按钮必须持续按下直到预启动报警声结束，然后采煤机才能牵引。

3. 采煤机可以进行的工作

(1) 通过控制按钮键(有线指令发生器/无线遥控)使牵引电机向左牵引⇦或向右牵引⇨。

(2) 最大牵引速度可通过牵引参数菜单调节，范围为 2%～100%。

(3) 由无线指令发生器或有线指令发生器设定速度(持续按

住按钮将采煤机加速至最大预置速度；渐进按住按钮渐进加速至最大速度）。

4. 采煤机停机

采煤机通过以下方式停机：

（1）按下指令器或遥控器上的“停止牵引”键◎，即可牵引停止（有线或无线指令发生器）。

（2）按下指令器或遥控器上的“所有电动机停止”键◎，即可停机（有线或无线指令发生器）。

按“所有电动机停止”按钮，采煤机停止。

四、采煤机的维护检查

采煤机的使用寿命及工作的可靠性，在很大程度上取决于对其正确的维护和检修。因此，采掘设备必须有维修和保养制度并由专人维护，保证设备性能良好。

（一）采煤机的维护检修

（1）主要维护检修人员必须责任心强，精通技术，熟练掌握所维护检修的采煤机各部分的结构与工作原理，并固定其工作岗位。

（2）采煤机下井运转使用 1 周后，必须对所有的螺栓紧固件逐个进行重新紧固。

（3）定期检查是做好日常维护工作的重要措施，其中包括班检、日检、周检、月检，即四检制。采煤机在井下工作 3 个月后，应进行一次预防性的检查，并做好检查修理情况。

（4）采煤机采完一个工作面后，应升井解体大修，按规定做好各项试验和验收工作。

（二）采煤机的日常检查

为了避免采煤机在运行过程中出现不必要的故障，造成不必要的损失，日常检查必须做到以下几点：

（1）检查拖动电缆与水管是否有破裂、损伤等现象。

(2) 检查电气元件功能是否正常，包括指令器、键盘及天线等有无损伤。

(3) 每日对绝缘监测设备进行一次测试。

(4) 检查采煤机各部分的连接零件是否有丢失或损坏现象。

(5) 检查滑靴的磨损程度。

(6) 检查更换损失、缺损的截齿、齿套、齿座和喷嘴等。

(7) 检查液压油位。

(8) 检查摇臂及牵引减速箱内的润滑油位。

(9) 完成日常要求的润滑。

(10) 检查电控箱等元件的隔爆性能是否正常。

（三）采煤机的“四检制”

采煤机的检查、维修、保养要实行“四检制”，即：“班检”“日检”“周检或旬检”和“月检”制。

《煤矿安全规程》规定采掘设备(包括液压支架、泵站系统)必须有维修和保养制度并有专人维护，保证设备性能良好。

1. 班检

由当班采煤机司机负责进行，检查时间不少于 30 min。

(1) 检查各部连接件是否齐全、紧固，特别要注意各部对口、盖板、滑靴、防爆电气设备的连接紧固情况。

(2) 检查销排连接是否完好、牢固，发现有松动、断裂或其他异常现象或损坏等，应及时更换处理。

(3) 检查电缆、电缆夹板、电缆拖移装置连接是否可靠，是否无扭曲、挤压、损坏，电缆不得在槽外拖移。

(4) 检查处理外观卫生情况，保持各部清洁，无影响机器散热、运行的杂物。

(5) 检查各种信号、仪表、闭锁情况，确保信号清晰、通讯正常，仪表显示灵敏可靠，闭锁正常。

(6) 检查截齿是否齐全、锐利，缺损的要及时补充、更换。

(7) 检查各部手把、按钮是否齐全、灵活、可靠，仪表显示可靠。

(8) 检查液压与喷雾冷却装置有无泄漏，压力、流量是否符合规定，喷嘴是否有短缺、堵塞现象，喷雾雾化效果是否良好。

(9) 检查急停、防滑、制动装置性能是否良好，动作是否可靠。

(10) 倾听各部运转声音是否正常，发现异常要查清原因并进行处理。

2. 日检

由检修班班长负责，相关人员参加，检查处理时间不少于4 h。

(1) 各大部件的连接情况是否良好。

(2) 电缆、水管、油管有无破损。

(3) 各液压部件有无渗漏。

(4) 各部分的油位指示是否正确。

(5) 各操作按钮、手把是否准确、灵活、可靠。

(6) 前后滚筒上的齿座是否可靠牢固，截齿是否锋利齐全。

(7) 喷雾灭尘装置的喷嘴有无堵塞，水阀工作是否正常。

(8) 牵引装置中的销轨固定是否牢固，牵引轮与销轨的啮合是否良好，导向滑靴磨损是否正常。

(9) 工作面刮板输送机的铲煤板是否脱落。

(10) 运转时采煤机的压力、温升是否正常。

(11) 内喷雾供水装置密封端盖泄漏孔有无线状漏水现象，并及时处理。

(12) 电动机冷却水进水口安全阀(整定压力为 1.5 MPa)有无开启，运行中若发现开启，必须停机处理。

(13) 定期检查与清洗水阀过滤器。

(14) 检查从喷雾泵站到采煤机输水管路，各处必须密封良好，不得有渗漏现象。

维护中应当注意：左、右摇臂机壳的截割电动机出轴部位下方设置有一个泄漏孔，目的是防止摇臂油池的油封渗漏时，渗漏出的油液进入电动机腔体内造成绝缘下降，为了防止煤粉将该孔堵塞，通过螺塞将其堵上。在维护中，应经常拆开该螺塞检查漏油情况并定时放油，根据渗漏情况及时更换电动机齿轮轴的油封。

3. 周检（旬检）

由机电队长、机电技术员负责，由日检人员参加，检查处理时间不少于 6 h。

(1) 对采煤机操作工日检工作进行督促并做好记录。

(2) 认真检查处理滑靴、支撑架、机身等部位相互连接情况和滚筒连接螺栓的松动情况，及时紧固或更换失效的紧固件。

(3) 检查各部油位、油质情况，必要时进行油质化验。

(4) 清洗或更换粗过滤器和精过滤器的滤芯。

(5) 检查液压制动器活塞及缸体的密封情况，若漏损严重，必须更换 O 形密封圈。

(6) 检查各压力表是否指示正常，有无泄漏。

(7) 检查电控箱，确保腔内干净、无杂物，压线不松动，符合隔爆与完好要求。

(8) 检查电缆有无破损，接线、出现是否符合规定。

(9) 检查接地等保护设施是否符合《煤矿安全规程》的规定。

4. 月检

由机电副矿长或机电总工程师组织机电科和周检人员参加，检查和处理时间同周检或稍长一些时间。

(1) 进行周检各项内容，处理周检中难以处理的问题。

(2) 在放油口取样，化验液压油和齿轮油的油质，对油质不符合规定的进行更换。

(3) 拆去液压制动器后盖与活塞上的螺塞，检查液压制动器摩擦片磨损情况，若磨损值达到 4 mm 以上，则应更换新摩擦片。

（4）检查液压系统的工作情况并测量压力。

（5）检查和调整各部保护装置的性能。

（6）更换或修理损坏和变形的零部件。

（7）遥测采煤机电缆的绝缘程度。

（8）检查并遥测电动机的绝缘程度。

（9）检查电动机本身的电控装置，紧固各螺栓。

（10）对防滑、制动装置的性能进行测试检查。

（四）采煤机维护检修时应遵守的规定

（1）坚持“四检”制度，不准将维修时间挪作生产或他用。

（2）严格执行采煤机使用的有关规定、管理制度及标准要求。

（3）充分利用维修时间，合理组织安排人员，认真完成维修的计划任务。

（4）维修时，维护负责人及相关人员必须先检查施工地点的温度、湿度、风速、瓦斯、煤尘、顶板支护、照明灯情况，确保工作地点的安全。

（5）维修前必须清理采煤机周围的杂物，做好准备，包括材料、工具、备件等准备工作。

（6）无论检修采煤机的哪个部位，必须切断采煤机电源，把开关、手把、离合器置于停止位置或断开位置，并打开磁力起动器中的隔离开关，闭锁刮板输送机。

（7）注油、换油时要严格按油质管理细则执行。

（8）检查螺纹连接时，必须注意防松螺母的特性，不符合使用条件及失效的应予以更换。

（9）维修过程中，应做好防滑、制动工作，注意观察周围环境变化情况，确保施工地点及人员的安全。

（10）维修结束后，按相关操作规程的要求进行空运转，试验合格后再停机、断电，并做好检修维护记录。

（五）采煤机的检修

采煤机的检修分为小修、中修和大修三种。

1. 采煤机的小修

当采煤机使用后，应当每 3 个月进行一次停机小修，提前处理有可能导致严重损坏的隐患问题。小修项目包括：

(1) 将破损的软管全部更新，各种阀、液压接头和仪表若不可靠，应进行更换。

(2) 各油室应清洗干净，更换已经过滤的新油液。

(3) 全部紧固所有的连接螺栓。

(4) 对每个润滑点加注足够润滑油或油脂。

(5) 齿座若有开焊或裂纹应重新焊好。

2. 采煤机的中修

采煤机的中修一般在使用期达 6 个月以上或者采煤 35 万 t 以上时进行，中修场地应设在有起重设备的厂房内。中修项目包括：

(1) 拆下所有盖板、液压系统管路和冷却系统管路。

(2) 清洗机器周围所有的脏物和被拆下的零部件。

(3) 更换已损坏的易损件，如密封、轴承、接头、阀、仪表和液压元件等。

(4) 检查截割部、牵引部的齿轮传动是否有异常。

(5) 所有的齿轮箱、液压箱内部要清洗干净，并按规定更换新的油液。

(6) 打开电动机控制箱盖，检查各电器元件的损坏情况，以及电动机绕组对地绝缘电阻。

(7) 对对口接合面进行防锈处理。

(8) 检修防滑、制动装置，更换磨损超限的闸块。

(9) 组装好采煤机后，应按规定程序进行牵引部、截割部的试验。

（10）按规定试验程序进行整机试验。

3．采煤机的大修

（1）对采煤机整机全部解体，对各部件进行防锈、清洗、检查。

（2）对开裂、变形的滑靴、挡煤板、滚筒、箱体等结构件进行整形、补焊或加固。

（3）更换全部密封件和其他橡塑件。

（4）大修电动机并更换电动机轴承。

（5）检修电气电控系统，校核系统的各种技术参数。

（6）检修液压系统，并按规定重新调试各技术参数。

（7）对各部件进行防锈处理。

（8）更换磨损超限的齿轮及各部轴承，更换磨损失效的弹簧、螺栓等易损件。

（9）大修后的采煤机按原煤炭部颁发的《煤矿机电设备检修质量标准》进行验收，其主要技术性能不得低于出厂试验规范所规定的标准要求。

4．储存保管

（1）采煤机及其零部件应储存于通风、干燥的仓库内。

（2）采煤机及其零部件外露的加工面应涂以防锈油，并用油纸覆盖。

（3）橡胶密封件、各种高压胶管、各种电缆应在库房内储存。库房内空气中不应含有酸、碱性或其他腐蚀性物质，应避免太阳光照晒，以免引起过早老化。胶管的接口需用塑料帽或塑料塞堵好，防止灰尘杂质进入。

5．采煤机牵引部的检修质量标准

（1）牵引部箱体内不得有任何杂物，各部元件必须清洗，不允许有锈斑。

（2）组装时必须认真检查各零部件的连接，安装管路必须正确无误。

(3) 伺服机构调零必须准确。

(4) 按规定注入新油液。

(5) 各类保护装置必须灵敏可靠，绝不允许随意更改或甩掉不用。

6. 采煤机截割部的检修质量标准

(1) 机壳内不得有任何杂物，不允许有锈斑。

(2) 各传动齿轮完好无损，啮合状况符合规定。

(3) 各部轴承符合配合要求，无异常。

(4) 各部油封完好无损，不得渗漏。

(5) 按规定注入新的润滑油和润滑脂。

(6) 离合器手把、调高手把、挡煤板翻转手把等必须动作灵活、可靠，位置正确。

(7) 滚筒不得有裂纹和开焊现象，螺旋叶片的磨损量不超过原厚度的 1/3。

(8) 端面及径向齿座完整无缺，其孔磨损不超过 1.5 mm，补焊齿座的角度应正确无误。

7. 采煤机附属装置的检修质量标准

(1) 内、外喷雾系统水路畅通，喷嘴齐全，不得有漏水现象。

(2) 底托架和挡煤板应无变形，无裂纹及开焊现象。

(3) 滑靴磨损量不得超过 10 mm，其销轴磨损量不得超过 1 mm。

(4) 冷却系统必须工作可靠，冷却器、管路均应做 1.5 倍额定压力的耐压试验，不得有变形和渗漏现象。

(5) 导向器不得有变形、卡阻现象。

(6) 牵引装置连接可靠，各部零件磨损量不超限。

(7) 防滑装置应可靠无误，制动力矩应符合原设计要求。

(六) 采煤机的完好标准

根据《煤矿矿井机电设备完好标准》的固定，采煤机的完好标准内容如下：

1. 机体

(1) 机壳、盖板无裂纹，固定牢靠，接合面严密，不漏油。

(2) 操作手把、按钮、旋钮完整，动作灵活可靠，位置正确。

(3) 仪表齐全、灵敏准确。

(4) 水管接头牢固，截止阀灵活，过滤器不堵塞，水路畅通、不漏水。

2. 牵引部

(1) 牵引部运转无异响，调速均匀正确。

(2) 无链牵引链轮与齿条、销轨或链轨的啮合可靠。

(3) 液压油质量符合《综采、普采设备油脂管理办法补充规定(草案)》。

3. 截割部

(1) 齿轮传动无异响，油位适当，在倾斜工作位置，齿轮能带油，轴头不漏油。

(2) 离合器动作灵活可靠。

(3) 摇臂升降灵活，不自动下降。

(4) 摇臂千斤顶无损坏，不漏油。

4. 截割滚筒

(1) 滚筒无裂纹或开焊。

(2) 喷雾装置齐全，水路畅通，喷嘴不堵塞，水成雾状喷出。

(3) 螺旋叶片磨损量不超过内喷雾的螺纹。无内喷雾的螺旋叶片，磨损量不超过原厚的1/3。

(4) 截齿缺少或截齿无合金的数量不超过10%，齿座磨损或短缺的数量不超过2个。

(5) 挡煤板无严重变形，反转装置动作灵活。

5. 电气部分

(1) 电动机冷却水路畅通，不漏水。电动机外壳温度不超过

80 ℃。

(2) 电缆夹齐全牢固,不出槽,电缆不受拉力。

6. 安全保护装置

采煤机原有安全保护装置(如与刮板输送机的闭锁装置、制动装置、机械摩擦、过载保护装置、电动机恒功率装置及各种电气保护装置)齐全可靠,整定合格。

7. 底托架、破碎机

(1) 底托架无严重变形,螺栓齐全紧固,与牵引部及截割部接触平稳,挡铁严密。

(2) 滑靴磨损均匀,磨损量不大于 10 mm。

(3) 支撑架固定牢靠,滚轮转动灵活。

(4) 破碎机动作灵活可靠,无严重变形、磨损,不缺破碎齿。

第二节　采煤机的安装与调试

一、采煤机的井上检查与试运转

采煤机井上检查与试运转的目的要求新采煤机或大修后的采煤机到矿后,不需要大拆大卸。在地面铺设长度不小于 30 m 的输送机,使采煤机可在其上运行,进行地面检查与试运转。

根据有关技术标准、规范来检验采煤机的配套情况、技术性能、质量、数量及技术文件是否齐全合格,确认合格后方可下井。

采煤机骑在铺设好的刮板输送机上,接上水、电进行整机空负荷运行。先点动操作,待正常后开车并观察各部分的声响、发热、密封等状况。

检查采煤机、刮板输送机和液压支架的配套关系,必要时做一些改装或修配,务必把隐患消除在下井之前。

采煤机司机和维修人员要参加检查验收与试运转工作。

（一）采煤机井上检查的内容及要求

（1）检查各部件是否齐全、完好，安装是否正确，连接螺栓是否缺少或松动。

（2）各运动环节及手把的动作是否正确灵活。

（3）各油池及润滑点必须按规定加注清洁油。

（4）检查水路是否畅通。

（5）检查各出轴处、盖板等处是否漏油，电气部分的绝缘、隔爆等是否符合要求。

（6）调高及喷雾系统管路是否齐全和接好等。

（7）用手盘动各运转部位，应无意外障碍和其他不正常现象。

（二）井上试运转的操作要求

（1）地面试运行一般不少于30 min的整机运行。

（2）操作各部把手、按钮动作应灵活可靠。

（3）注意各部机体运行的声音和平稳性。

（4）测量各处温升应符合要求。

（5）升降要灵活，同时测量升到最高、最低位置的时间。

（6）操作牵引换向把手调速旋钮，使采煤机正、反向牵引，测量其空载转速应符合要求，把手在中间零位时牵引速度应为零。

（7）在试验运行期间，要检查各部连接处应无漏油，各连接管路应无漏油，运转声音应正常。

（8）各个压力表的读数应正确。

（9）测量电动机三相电流应正常、平衡。

（10）进行各种保护装置的动作试验，应符合技术文件及其他相关规定的要求。

二、采煤机的入井与运输

采煤机的入井与运输应按《综采设备提升运输、安装、拆除技术安全注意事项》进行。

入井前应点清设备的部件，根据部件的尺寸和重量，核实提升、运输设备的能力以及巷道断面、坡度、弯曲半径和电机车架空线高度等，以决定设备是否需要解体。采煤机解体一般分为滚筒，截割部及摇臂，牵引传动部，中间箱，护板及其他零部件，电缆夹板另外装车。采煤机装车应根据工作面具体情况确定先后顺序。

在入井以前，应根据工作面方向及机器的安装顺序，在井上安排好各部件的安装车次序和方位，以免在井下作不必要的调头。

装车顺序由现场安装地点和井下运输条件来确定。进入安装地点的零部件先后顺序一般是后滚筒、右摇臂、右截割部的减速箱、底托架、牵引部、电动机、左截割部的减速箱、左摇臂、前滚筒和护板等。装车的排列顺序与安装密切相关，所以一般的未装底托架之前，先把后滚筒、右摇臂拉过一定的距离之后，再装底托架，这样给安装带来一定的方面。

采煤机入井前所有的齿轮腔、液压腔的油应全部放净，所有外露的孔、口必须密封，外露的结合面、管接头、操作手柄、按钮等都必须采取措施加以保护。运输过程中，尽可能避免剧烈震动、撞击，以防损坏，同时运输时应注意人员安全。

卸车时，要在确保人员安全、起吊点环境可靠、起吊工具可靠的情况下，用起吊工具(起吊工具具有 5 倍以上的，拖拽装置不低于 2 倍的安全系数)在不碰伤碰坏设备的前提下，卸下采煤机各部件。

三、采煤机的井下安装与试运转

（一）采煤机的井下安装

1. 安装准备

(1) 在采煤机安装前，液压支架和输送机必须先安装好，但输送机的机尾待采煤机部件吊入输送机的机道后才能安装。

(2) 安装地点的支架要用横梁加固，以保证起重时能承受机器的重量，同时有足够的长度和大约 2.5 m 的宽度。

(3) 确定工作面端部的支护方式，并维护好顶板。

(4) 开好机窝。一般机窝在工作面上端头运输道口，长度为15～20 m,深度不小于1.5 m。

(5) 在对准机窝运输道上帮硐室中装1台回柱绞车,并在机窝上方的适当位置固定1个吊装机组部件的滑轮。

工具准备:采煤机安装时需要准备的工具一般有撬棍、绳套、万能套管、活扳手和专用扳手、液压千斤顶、手动起吊葫芦及其他工具(如手锤、扁铲、砂布、锉刀、常用手钳、螺丝刀以及小活扳手等)。

2. 安装过程

(1) 把完整的右(或左)截割部(不带滚筒和挡煤板)安装在刮板输送机上,并用木柱将其稳住,把滑行装置连接在刮板输送机导向管上。

(2) 把牵引部和电动机的组合件置于右截割部的左侧,同样用木柱支垫起来;然后将右截割部与牵引部和电动机组合件之间的两个接合面擦干净,用螺栓将这两大件连接在一起。

(3) 用同样的方法将左截割部与牵引部和电动机组合件的左侧用螺栓连接。

(4) 固定滑行装置,将油管和水管与千斤顶及有关部位接通。

(5) 将左、右2个滚筒分别固定在左、右摇臂上,装上挡煤板。

(6) 同时要铺设好供电电缆和冷却、喷雾供水水管,并用电缆夹板将电缆、水管固定好。

(7) 采煤机各部位正确注入规定牌号与油量的油。

3. 采煤机的安装方法

由于各矿综采工作面的具体情况不同,各种设备的安装顺序也不同,故采煤机的安装方法主要有以下三种类型:

(1) 超前安装

适用条件:顶板完整,压力较小,或两个工作面设备倒面,同步拆除、安装。

安装顺序与特征：先安运输系统，刮板输送机和采煤机，然后利用采煤机割煤扩面。待开切眼扩面完成后，将采煤机置于机头处，再开始安装液压支架。特征：采煤机安装操作空间宽敞，无须预做安装机窝。但安装时需加强顶板支护，打好安装所需起重梁。

（2）同时安装

适用条件：顶板较完整，开切眼掘进一次成巷，后退式安装液压支架。

安装顺序与特征：采煤机与液压支架、刮板输送机同时安装。在开切眼扩面中，预先在适当的位置做相应的采煤机安装机窝，并留有安装操作所需空间，支护好顶板，打好安装所需起重梁。当刮板输送机与液压支架安装到一定长度后，运入采煤机部件进行组装，亦可与工作面其他设备平行安装作业，尤其在液压支架掩护下安装较为安全。

（3）滞后安装

适用条件：顶板破碎、压力大，分段扩面、分段安装或前进式安装支架。

安装顺序与特征：采煤机滞后于液压支架和刮板输送机安装。待工作面安完液压支架后，未安装刮板输送机机尾前，运入采煤机部件，在预先做出的安装机窝处进行组装，安装机窝一般靠近工作面上出口附近。

（二）采煤机的试运转

试运转前的外观检查：各部位的油位是否达到规定要求，供水是否正确，有无漏油漏水；各部件是否紧固牢固，螺栓是否齐全；各操作手把、按钮、旋钮是否齐全，灵活可靠及位置正确；电动机的接线是否正确，电缆长度是否符合要求；用手转动滚筒感觉轻松，不应有卡阻现象，滚筒的齿座、截齿是否齐全；机外管路是否安装正确，固定良好。

各部分检查正常后，发出开机信号，先点动电动机，视点车情况确定是否能够启动电动机。在空载试运转正常后，安装调高油缸与摇臂连接，安装左右牵引传动部驱动轮。确认各部正常后，点动电动机，待电动机快停转时，合上截割部离合器，确认牵引正确、调高正常、其他各部位无异常后，停机停电，断开截割部离合器，然后安装好各处护板，进行最后验收检查。

(1) 操作试验。操纵各操作手把、控制按钮，动作应灵活、准确、可靠，仪表显示正确。

(2) 整机空运转试验。牵引部手把放在最大牵引速度位置，合上截割部离合器手把，进行 2 h 原地整机空运转试验。其中，滚筒调到最高位置，牵引部正向牵引运转 1 h；滚筒调至最低位置，牵引部反向牵引运转 1 h。同时应满足如下要求：

① 运行正常，无异常噪声和振动，无异常温升，并测定滚筒转速和最大牵引速度。

② 所有管路系统和各结合面密封处无渗漏现象，紧固件不松动。

③ 测定空载电动机功率和液压系统压力。

(3) 调高系统试验。操作调高手把，使摇臂升降。要求速度平稳，测量由最低位置到最高位置及由最高位置到最低位置所需要的时间和液压系统压力，其最大采高和卧底量应符合计要求。最后将摇臂停在近水平置，持续 16 h 后其下降量不得大于 25 mm。

(4) 通过试运转应达到以下要求：

① 机器无异常声响，各部位油位正常。

② 牵引正常，控制及换向灵活。

③ 电压、电流符合要求，超载试验正常。

④ 滚筒升降灵活，工作压力正常，旋向正确。

⑤ 各接头无漏油、漏水现象。

⑥ 截割部离合器离合轻松灵活。

⑦ 摇臂升降灵活，最大采高和卧底量应符合设计要求。将摇臂停在近水平位置，持续 16 h 后其下降量不得大于 25 mm。

(5) 采煤机井下安装时的注意事项：

① 安装前必须制定安装作业规程和安全技术措施，并认真贯彻执行。

② 零部件安装要齐全，不合格零件不安装，确保安装质量。

③ 碰伤的接合面必须进行修理，修理合格后方能安装，以防止运转时漏油。

④ 安装销、轴时，要将其清洗干净，涂以油脂；严禁在没有对准时用大锤硬砸，防止敲坏零部件。

⑤ 在对装花键时，一要清洗干净，二要对准槽，三要平稳地拉紧。

⑥ 要保护好电气元件和操作把手、按钮，避免损坏；接合面要清洗干净并涂上密封胶。

⑦ 安装完毕后，要先检查后试车。

⑧ 试车时必须把滚筒处的杂物清理干净，确无问题后方可试车。

第三节 采煤机常见故障的分析与处理

采煤机是综采工作面的主要设备，并由井下作业环境的特殊性，以及对采煤机的维护、保养、操作等方面的人为能力不同，将会产生各种不可意料的故障。因此，预防和减少采煤机的故障，本身就是一个复杂的工作内容。采煤机司机相关维护人员，能正确无误地判断故障和排除故障，对充分发挥采煤机的效能，提高安全生产的水平具有重要的意义。

一、采煤机常见故障

采煤机常见故障的类型主要有三大类:液压传动部分故障、机械传动部分故障、电气控制部分故障。其中液压传动部分故障较多,高达采煤机总故障的80%以上。由于这部分故障多发生在复杂的液压系统,不易发现和查找,因此,在实际工作中,必须通过对故障征兆的分析判断,以及通过必要的监测和试验手段,才能判断故障点。

二、判断故障的程序和方法

采煤机司机仔细分析、判断故障时,首先要对采煤机的结构、原理、性能及系统原理做全面的了解,只有这样才能对液压故障做好正确的判断。

(一)判断故障的程序

听:听取当班司机介绍发生故障前后的运行状态、故障征兆等,必要和允许时可开动采煤机细听其运转声响、故障征兆及细微现象。

摸:用手触摸故障点的外壳,根据温度变化情况和振动情况判断故障情况。

看:仔细观察采煤机运转时液压系统工作情况、各仪表显示数值,查看各种系统图、检修记录。

量:通过仪表、仪器测量电气系统、液压系统、冷却水等工作情况,测量检验油质情况。

综合分析:根据听、摸、看、量掌握的情况进行综合分析,准确的找出故障点和发生故障的原因,提出可行的处理方案,迅速排除故障。

(二)判断故障的方法

为了准确及时地找到故障点,必须根据听、摸、看、量掌握的情况及故障的发生过程进行综合分析和判断,其方法是先外部,后内部;先电器,后机械;先机械,后液压;先部件,后元件。首先判断故障的类别和故障部位，在确定的零部件即故障点。

（三）采煤机故障处理的步骤与原则

1. 处理故障的步骤

（1）了解故障发生的过程，尤其要注意了解故障的细微现象。

（2）分析发生故障的可能原因。

（3）做好排除故障的准备工作。

2. 处理故障的原则

先简单后复杂，先外部后内部，先电器后机械，先机械后液压。

（四）处理采煤机故障时的注意事项

（1）检查采煤机附近的工作环境，防止冒顶片帮伤人；断开电气隔离开关和截割部离合器，闭锁工作面输送机；将采煤机机身及周围清理干净，如处理牵引部故障，要在机器上方挂好篷布，防止碎煤矸掉入油池中。

（2）判断故障要准确、彻底。

（3）更换的元部件要合格。

（4）元件内部要清洗干净，无杂质（清洗液压元件不得使用细棉纱）。

（5）原件及管路连接要严密牢固，不松动，不漏油。

（6）拆卸、组装的零部件和部位顺序要正确。

（7）故障处理完毕后，一定要清理工作现场，清点工具，做好工业卫生。

（8）注入新油、系统排气，进行试运转，试运转合格后，交代清楚采煤机司机操作注意事项。

三、常见故障的分析与预防

采煤机一般由截割部、牵引部、电气部和辅助装置四部分组成，是集机械系统、电子及电气系统、液压系统于一体的复杂系统。在使用过程中，它既会受到来自煤炭、岩石的巨大冲击载荷，又会受到煤尘、水雾等多方面的污染，在操作运行中会产生各种故障，因此，为了保证采煤机高效运行，必须准确诊断采煤机的故障并及时处理。

（一）机械系统的故障诊断与处理

1. 轴承故障

电牵引采煤机的牵引部和截割部分别由各自的电动机驱动，中间经过多级齿轮传动以及 20 余对轴承支撑，由于这些轴承的工作环境恶劣、载荷交替变化，致使故障经常发生。尤其突出的是采煤机牵引行走轮的轴承，极易发生轴承磨损或滚动体破裂等故障。该轴承的严重损坏，将影响到传动轴、传动齿轮及其相关零件，进而导致其他零部件的损伤。

此外，采煤机摇臂在工作中频繁升降，再加上润滑条件较差，各传动轴受力大且不均匀，致使摇臂轴的轴承也极易发生损伤故障。还有当采煤机的润滑系统发生污染或润滑不良、轴承安装不正，载荷偏大，与轴承相配合的轴、轴承座发生变形等，均会导致轴承故障。

以上故障可进行针对性处理。

2. 牵引传动箱壳体破裂

牵引传动箱壳体破裂在电牵引采煤机上也有发生，当采煤机在完成斜切进刀时，如果液压支架操作工将刮板输送机推出硬弯，即大于 3°的急弯，那么当采煤机运行到该弯处时，导向滑靴将与机壳发生强行摩擦，从而造成下壳体破裂，引起设备故障，可进行针对性处理。

3. 其他机械系统故障

采煤过程中的冲击、振动，会引起机器载荷分布的不断变化，而这种变化会造成联结松动、齿轮传动系统和联结处发生磨损、疲劳破坏和过载损坏等。这些故障往往都不同程度地产生发热，引起温度升高，进而加剧某些部件受载恶化，发生断裂或损伤。此外，由于制造、安装误差和使用不当等也会引起机械系统不同部位、不同程度的故障，从而导致整个系统发生故障，可进行针对性处理。

(二) 液压系统的故障诊断与处理

分析液压系统故障时应该注意两个方面：

一是压力的变化情况。它主要表现为低压正常、高压降低，高压正常、低压下降和高压正常、低压上升三个方面。要理解高压随负载的增加而升高，低压应是恒定的，负载的增加或降低对低压应无影响。应注意渗漏和窜油两种情况。

二是要注意油液的污染情况。它可能使故障表现在油温升高、牵引不有异响、过滤器堵塞、液压系统泄露和伺服机构动作迟缓等方面。

1. 摇臂不动作

如果出现 2 个摇臂同时不调高的情况，有以下几方面的原因：

(1) 若高压表无压力显示，则说明液压泵损坏，及时更换液压泵即可。

(2) 若压力表有显示，则有可能是液压管路发生损坏导致泄漏，可及时更换损坏的管路；也有可能是高压安全阀失灵，压力达不到规定的数值，此时应及时修复或更换高压安全阀。

(3) 调高油缸泄漏、损坏或内部咬死，应及时更换调高油缸。

(4) 如果出现单侧摇臂不调高，则有可能是手动换向阀出现故障、单侧调高油缸密封不严造成油液泄漏或液压锁发生故障，可根据故障原因进行针对性处理。

2. 摇臂自动下降

出现摇臂自动下降的可能是调高油缸密封损坏、上下腔窜液，或是液压锁密封不严有泄漏，还有可能是电控箱—分线盒—换向电磁阀的电缆损坏，或是调高电磁阀、换向阀阀芯不复位，卡在降的位置，可根据不同原因进行针对性处理。

3. 手动可以操作、电控不能操作

手动可以操作、电控不能操作故障在电牵引采煤机上时有发生，其原因主要是换向电磁阀发生损坏，还有可能是电控接收盒损坏，使设备接收不到信号，无法实现电控操作。可根据不同原因进行处理，对损坏元件及时进行更换。

第四节　采煤机的典型事故案例分析

一、由于非操作人员误按采煤机操作按钮引起的人员伤亡事故

2013 年 3 月 17 日，某矿发生一起由于非操作人员误按采煤机操作按钮引起的人员伤亡事故，造成 1 人死亡。

（一）事故概述

2013 年 3 月 17 日，某矿检修班到综采一区修理工作面刮板输送机。贾某主动要求去负责输送机的按钮操作工作，其他人员分别去做各自的检查项目。贾某本人没有经过培训，组长刘某认为这项工作并不需要技术，就允许贾某负责输送机的按钮操作工作。同时，原负责按钮操作工作的王某也详细向贾某介绍了输送机的操作方法。过了一段时间，组长刘某从回风巷转到运输巷去，路过采煤机，由于该处空间极小，只好从采煤机上爬了过去。此前，贾某试验了几次按钮均未使输送机启动，说明刮板输送机的故障尚未排除，就想离开岗位与刘某一道去运输巷看看，走前顺手按了一下按钮，然后学着刘某的做法，从采煤机上面爬过，不料这次却按错了采煤机按钮，采煤机滚筒立刻转动，将贾某的腰椎、臀部等绞碎，因流血过多当场死亡。

（二）事故原因

1. 主要原因

贾某虽说是检修工，但没有经过安全技术培训就上岗，对综采

设备极不熟练，在试验输送机时，没有按照有关规定先打开采煤机截割部离合器，并将换向器打回“0”位，所以在操作失误的情况下，直接启动了采煤机截割滚筒，造成自己被伤害致死的严重后果。

2. 直接原因

(1) 明知贾某未经安全技术培训，还把操作设备的重任交给他，结果因其对设备性能、安全规定不知晓，出现违章操作，引发人员伤亡的重大事故。

(2) 刘某从回风巷转向运输巷时，违反安全管理规定，直接从采煤机上爬过去，引起贾某效仿，结果贾某又按错了操作按钮，引发了伤亡事故。

二、由于操作不当而造成的截割电动机损坏事故

2012 年 7 月 7 日，某矿综采工作面发生一起截割电动机损坏事故。

(一) 事故概述

2012 年 7 月 7 日，某矿综采工作面采煤机操作工杨某将采煤机截割滚筒试运转后进行牵引割煤。当采煤机向前运行了 15 m 左右时，工作面突然断电跳闸。为了不耽误工作面的生产，调度室通知综采值班电工到采区变电所送电，但杨某在没有安排电工对工作面电气设备检查就二次进刀作业，结果当采煤机牵引了 5 m 时，又出现了工作面全线跳闸。为了妥善起见，杨某分别单独启动各台设备，以此方式查找断电跳闸的原因，在确定其他设备正常的情况下第三次进刀作业。此时采煤机的截割滚筒依然在正常运行，说明当时截割电动机并未烧毁，但当采煤机向前行走了大概 0.1 m 后却再次出现了大面积的断电跳闸，综采值班电工查出在距采煤机 2 m 的位置上电缆有破皮现象，在打开截割电动机的接线腔时，发现接线腔内已充满了油脂，初步判断是由于接线柱与油接触造成多次短路，并断定截割电动机已经因此而损坏。

（二）事故原因

1. 直接原因

（1）当班电工在第一次工作面全面跳闸后，没有对工作面的设备进行供电完好情况检查就直接向工作面各台设备供电，属于严重违规行为；第二次出现大面积跳闸后才对工作面的设备进行检查，而在除采煤机外的所有设备都可以正常运行的情况下，就判定是采煤机的问题，之后又再次启动采煤机，造成第三次跳闸而损坏了采煤机的截割电动机。

（2）采煤机操作工杨某在工作面高压跳闸后，没有分析查找原因，就直接两次运行采煤机割煤。特别是在第二次运行采煤机前，在除采煤机外的所有设备都可以正常运行的情况下，就判定是采煤机的问题，且不进行检查又再次启动采煤机。

2. 间接原因

（1）采煤机截割部减速箱输入轴处密封和电动机输出轴处密封均损坏，造成减速箱内的润滑油串入截割电动机绕组腔内，使电动机接线柱因短路烧坏。

（2）由于减速器漏油，造成流到接线腔上的油通过电动机的接线腔端盖的隔爆面的隔爆间隙进入接线腔，形成接线腔内积油。

（3）综采队检修人员已有 2 个月没有打开采煤机电动机的接线腔进行检查，使采煤机的供电状况存在严重缺陷。

三、由于技术生疏造成的采煤机电缆被刮伤事故

2013 年 1 月 26 日，某矿采煤工作面发生一起因技术生疏造成的采煤机电缆被刮伤事故。

（一）事故概述

2013 年 1 月 26 日，某矿采煤工作面组织完设备检查后开始进入生产，采煤机操作工洪某操作进刀，当前滚筒割至前输送机机尾时，放煤工发现采煤机的电缆在 14# 支架处被刮伤，立即通知采煤机操作工停机，经检查发现是采煤机电缆被前输送机电缆槽护

栏接头刮伤破损，恰好此处电缆夹板缺失，结果有一根芯线已被刮断 1/2，经紧急抢修后，采煤机中班恢复使用。

（二）事故原因

1. 直接原因

采煤机操作工长时间没有从事采煤机操作，操作技能生疏，使采煤机在运行中电缆卡在输送机的槽里造成刮伤。

2. 间接原因

前输送机电缆槽护栏接头出现缺口，再加上电缆夹板缺失，没有引起采煤机操作工以及检修工的重视和及时处理，结果导致电缆被刮伤。

四、某矿 7163 采煤工作面的工伤事故

2015 年 8 月 25 日中班，某矿 7163 采煤工作面发生一起工伤事故。

（一）事故概述

2015 年 8 月 25 日中班，7163 工作面计划安排 2 刀生产任务，接班后，跟班队长根据工作面现场实际情况进行工作量调整（煤机出现异常，经检修后于 18 点 10 分恢复正常），跟班队长王尊武、班长杨正权分别在班前会上对当班的安全注意事项进行了强调与安排，安监员李相坤对当班存在的安全隐患向跟班班队长进行了交代。22 时 40 分左右，当煤机割煤至工作面 12 号架时，煤机牵引出现异常，煤机司机黎祥军利用遥控器将煤机停止运转，此时工作面前部刮板输送机仍在运行，在其从架间走出重启煤机主机时，从工作面上部滚落的大煤块撞到煤机截割电动机跳出溜槽，砸到煤机司机黎祥军的右脚，砸断黎祥军右脚大拇指、中趾、食趾。

（二）事故原因

（1）滚落的大煤块窜出工作面刮板输送机，砸到煤机司机是这起事故的直接原因。

(2) 煤机牵引出现异常,工作面刮板输送机没及时停止运转,是造成该起事故的重要原因。

(3) 防滚矸伤人的措施落实不到位,在工作面刮板输送机还没停止运转时,煤机手进入支架前方,属违章作业。

第五节 采煤机司机实操考核标准

一、制定依据

本标准依据《中华人民共和国安全生产法》《煤矿安全规程》《特种作业人员安全技术培训考核管理规定》和《采煤机司机安全技术培训大纲及考核标准》等法律、法规和标准制定。

二、适用对象

从事煤矿采煤机操作作业的人员,即采煤机司机。

三、考试方式

采用实物操作、模拟操作、虚拟仿真操作和手指口述等方式。

四、考试点的基本条件

(1) 具有满足实际操作考试需要的考试场所。考试场所必须按照环境保护、劳动保护、安全和消防各项要求设置,应当设置有关安全指示标志、警示标语、考场规则等,应当安装实时监控系统。

(2) 具有满足实际操作考试需要的设备设施。配置采煤机实物或模拟实物,便携式甲烷检测报警仪等,或者配置“采煤机安全操作虚拟仿真考试装置”。设备设施应功能齐全、性能稳定、操作可靠、安全环保。

(3) 具有满足实际操作考试需要的考评人员。考评人员应具有工程师、讲师及以上专业技术职务或者技师及以上资格,实际从事煤矿机电专业相关工作 5 年以上,熟悉相应的专业知识和操作技能,掌握考试标准。

五、考试要求

1. 考试科目

(1) 采煤机作业前安全检查(简称 K1)。

(2) 采煤机安全操作(简称 K2)。

2. 组卷方式

由 K1、K2 两个科目组成试卷。

3. 考试成绩

考试成绩总分为 100 分,80 分及以上为合格。

4. 考试时间

考试时间为 30 min。

六、考试内容及评分标准

(1) 采煤机作业前安全检查,如表 7-2 所示。

表 7-2　　采煤机作业前安全检查　　考试时间:15 min

序号	考试项目	操作内容与步骤	考试方式	分值	评分标准
1	作业环境安全检查	(1) 检查作业环境: ① 采煤机周围无其他人员和障碍物; ② 工作面采高合理; ③ 机载甲烷断电仪或便携式甲烷检测报警仪完好、可靠,甲烷浓度不超过 1.0%; ④ 通信联络畅通	实物操作 + 手指口述 或 模拟操作 + 手指口述 或 模拟仿真操作	4 分	操作内容每项 1 分,每缺 1 项或 1 项不正确扣 1 分
		(2) 检查支架支护: ① 液压支架支护稳定牢靠、接顶良好; ② 支架间密封严实,无漏煤、漏矸现象; ③ 支架前梁护帮板紧贴煤壁		3 分	操作内容每项 1 分,每缺 1 项或 1 项不正确扣 1 分

续表 7-2

序号	考试项目	操作内容与步骤	考试方式	分值	评分标准
1	作业环境安全检查	(3) 检查供水管路和电气装置： ① 工作面供水管路完好； ② 电气装置无“失爆”现象，保护接地完好、可靠； ③ 各种开关布置合理，电缆吊挂标准； ④ 电源隔离开关处于断开位置，刮板输送机处于闭锁状态		4 分	操作内容每项 1 分，每缺 1 项或 1 项不正确扣 1 分
2	运行装置安全检查	(1) 检查操作装置： ① 紧急停机按钮等各种电气操作按钮，旋钮灵敏、可靠； ② 各液压操作手把操作灵活，无损坏，并全部置于“0”位； ③ 操作信号装置安装位置正确，能够清晰发送操作警报信号	实物操作 + 手指口述 或 模拟操作 + 手指口述 或 模拟仿真操作	6 分	操作内容每项 2 分，每缺 1 项或 1 项不正确扣 2 分
		(2) 检查牵引装置： ① 牵引齿轨固定牢靠，拖缆装置完好，移动不刮卡； ② 牵引导向滑靴、平滑靴磨损量不超过 10 mm； ③ 牵引装置液压油缸、油管等连接牢靠，无泄漏		3 分	操作内容每项 1 分，每缺 1 项或 1 项不正确扣 1 分
		(3) 检查连接装置： ① 各连接件(螺栓、销、轴等)齐全、完好； ② 连接正确、牢靠		2 分	操作内容每项 1 分，每 1 项或 1 项不正确缺扣 1 分

续表 7-2

<table>
<tr><th>序号</th><th>考试项目</th><th>操作内容与步骤</th><th>考试方式</th><th>分值</th><th>评分标准</th></tr>
<tr><td rowspan="2">2</td><td rowspan="2">运行装置安全检查</td><td>(4) 检查截割装置：
① 截齿、挡圈齐全、无损坏；
② 齿座牢固，喷嘴完好</td><td rowspan="2">实物操作
+
手指口述
或
模拟操作
+
手指口述
或
模拟仿真操作</td><td>2 分</td><td>操作内容每项 1 分，每缺 1 项或 1 项不正确扣 1 分</td></tr>
<tr><td>(5) 检查喷雾装置：
① 内、外喷雾装置完好；
② 内喷雾工作水压不小于 2 MPa；
③ 外喷雾工作水压不小于 4 MPa</td><td>3 分</td><td>操作内容每项 1 分，每缺 1 项或 1 项不正确扣 1 分</td></tr>
<tr><td rowspan="3">3</td><td rowspan="3">试运转安全操作</td><td>(1) 试验急停按钮和闭锁开关：
按动急停按钮、闭锁开关→确认开关灵活，闭锁可靠并复位</td><td rowspan="3">实物操作
+
手指口述
或
模拟操作
+
手指口述
或
模拟仿真操作</td><td>6 分</td><td>操作步骤每步 3 分，每缺 1 步或 1 步不正确扣 3 分</td></tr>
<tr><td>(2) 试验电动机：
复位所有开关按钮→置全部操作手把于“0”位→发出开机警报信号，启动电动机试运转→确认电动机运转情况正常并复位</td><td>4 分</td><td>操作步骤每步 1 分，每缺 1 步或 1 步不正确扣 1 分</td></tr>
<tr><td>(3) 试验牵引装置：
按动牵引送电按钮→按动左牵右牵按钮→确认机身移动方向正确、齿轮与齿轨啮合状态正常并复位</td><td>3 分</td><td>操作步骤每步 1 分，每缺 1 步或 1 步不正确扣 1 分</td></tr>
</table>

续表 7-2

序号	考试项目	操作内容与步骤	考试方式	分值	评分标准
3	试运转安全操作	(4) 试验摇臂： 转动(或按动)摇臂左右调高阀组手把(或按钮)→确认摇臂周围环境安全→确认摇臂升降情况正常并复位	实物操作 + 手指口述 或 模拟操作 + 手指口述 或 模拟仿真 操作	6 分	操作步骤每步 2 分,每缺 1 步或 1 步不正确扣 2 分
		(5) 试验滚筒： 当截割电动机即将停止转动时,缓慢挂上截割部离合器→解除刮板输送机闭锁,发出启动输送机运转信号→确认采煤机周围环境安全,启动滚筒电动机→确认滚筒运转情况正常并复位		4 分	操作步骤每步 1 分,每缺 1 步或 1 步不正确扣 1 分
4	合计			50 分	

(2) 采煤机安全操作,如表 7-3 所示。

表 7-3　　采煤机安全操作　　考试时间:15 min

序号	考试项目	操作内容与步骤	考试方式	分值	评分标准
1	开机安全操作	(1) 启动输送机： 解除刮板输送机闭锁→发出启动输送机联系信号→打开供水管路截止阀→发出采煤机开机信号	实物操作 + 手指口述 或 模拟操作 + 手指口述 或 虚拟仿真 操作	4 分	操作步骤每步 1 分,每缺 1 步或 1 步不正确扣 1 分
		(2) 启动采煤机： 闭合采煤机隔离开关→按动启动按钮→按动滚筒调高按钮,升平两滚筒→按动电动机停止按钮→选择滚筒转向,当截割电动机即将停止转动时,缓慢挂上截割部离合器→启动截割主电动机		12 分	操作步骤每步 2 分,每缺 1 步或 1 步不正确扣 2 分